楼外楼

宋韵新滋味

司马一民　凌雁　编著

图书在版编目（CIP）数据

楼外楼宋韵新滋味 / 司马一民，凌雁编著 . —— 杭州：
杭州出版社，2022.5（2022.9重印）

ISBN 978-7-5565-1775-6

Ⅰ . ①楼… Ⅱ . ①司… ②凌… Ⅲ . ①饮食 - 文化研
究 - 中国 - 宋代 Ⅳ . ① TS971.202

中国版本图书馆 CIP 数据核字（2022）第 074255 号

LOUWAILOU SONGYUN XINZIWEI

楼外楼宋韵新滋味

司马一民　凌雁　编著

责任编辑	齐桃丽
责任校对	陈铭杰
美术编辑	祁睿一
出版发行	杭州出版社（杭州市西湖文化广场 32 号 6 楼）
	电话：0571-87997719　邮编：310014
印　　刷	浙江海虹彩色印务有限公司
经　　销	新华书店
开　　本	710mm×1000 mm　1/16
字　　数	98 千
印　　张	12.5
版 印 次	2022 年 5 月第 1 版　2022 年 9 月第 2 次印刷
书　　号	ISBN 978-7-5565-1775-6
定　　价	78.00 元

楼外楼
何以成为杭城美食名楼的代表

邓志平

杭州有很多美食名楼，位于西湖孤山外的"楼外楼"是杭城美食名楼的代表。楼外楼因湖而兴，因景而名，因食而旺，因文而盛。

楼外楼创建于清道光二十八年（1848），距今已有170多年的历史。创始人洪瑞堂是一位从绍兴来杭谋生的落第文人。他从南宋诗人林升的诗中取了三个字，把自己的小店取名为"楼外楼"。最初的楼外楼仅是一处平房，是一爿很不起眼的湖畔小店。但由于店主人善于经营，又烹制得一手以湖鲜为主的好菜，特别是他很重视与文人交往，使楼外楼成为文人雅士游湖小酌的首选。因此，楼外楼的生意日益兴隆，名声逐渐远播。到如今，楼外楼更是享誉中外，成为杭州的一个城市记忆和符号。

楼外楼

重拾楼外楼传统老味道

杭州西湖不仅风光旖旎，而且有莲蓬、莼菜、六月黄、鱼虾、螺蛳等餐桌上的美味佳肴。因此，以楼外楼为代表的"湖上帮"餐馆烹制的湖鲜佳肴，早已和西湖融为一体，成为老杭州人心中难以忘怀的一种美食情结。然而随着时光的流逝及各种缘故，许多曾经名声很响的老菜早已不是那滋味。许多杭州老菜名肴不是消失，就是口味发生变化，制作工艺也正在失传。一道道西湖传统佳肴，如今却只是众多老杭州人的记忆。

如何传承杭帮菜传统老味道？楼外楼人觉得应该做些什么。

2013年，楼外楼推出了"品尝西湖老味道"活动。楼外楼的"智囊团队"翻资料、查档案，同时还把早已退休的柴宝荣、陶海明等名厨请过来，经过对档案、史料的整理、研究以及老厨师的回忆、口述，楼外楼让香酥鸭子、一网鱼虾、嫩菱仔鸡、鸡茸鱼肚、孤山三脆等20道早已消失的传统菜重新回到餐桌上。而这些老味道基本上是旧时的家常菜，原材料极普通，价格也非常实惠，"老味道"一经推出就深受百姓喜爱。

2014年1月，杭州西湖风景名胜区关停转型了30多家高档经营场所，位于花港观鱼南门入口的莲庄会所也在关停之列，当时有关部门要求楼外楼负责接管莲庄。我们内部进行了深入讨论，莲庄既不能起油灶，也不宜做宴席，那么做惯杭帮菜的楼外楼接管后怎么办？我们带着厨房技术团队南下广州，将肠粉、靓粥等粤点一一请进茶楼，有条不紊，合理规划，在不到半个月时间内，就开始对外经营，愣是将这个地块盘活了。

2014年8月，根据有关部门要求，楼外楼负责接手天外天餐馆的经营。天外天位于灵隐景区，是一家以素食闻名的餐饮名店。在 30 多家西湖周边被关停的高档会所中，天外天是唯一确定可以开展餐饮经营的场所。接手过来，这里做什么，推出些什么菜品，成了楼外楼经营班子思考的第一桩事。当时大家讨论，觉得天外天还是必须走"亲民路线"。天外天从重新设计、装修到对外营业，经过了不到 3 个月的时间，楼外楼的团队又创造了奇迹。2015 年 1 月 1 日，调整后的天外天重新开业，是这般景象：大厅放了 40 余桌，包厢只留 7 个，万只祈福素包免费送，菜肴打六折。一套组合拳迅速打开局面，不少老杭州知道楼外楼开了天外天分店，甚至穿越一个杭州城来吃一顿饭。

楼外楼经受 G20 杭州峰会"大考"

2016 年 1 月，我们接到通知，G20 杭州峰会期间，楼外楼要承担峰会元首夫人的午宴接待任务。听到这个消息时，我们觉得"压力山大"，因为这对于百年老店楼外楼来说，是百年不遇的机遇，同时也是一次严峻的挑战。

楼外楼（孤山店）地处风景秀丽的孤山南麓，位于世界遗产西湖核心景区，建筑风格是遵照周恩来总理生前提议的式样扩建的。对于这次装修改造，到底是全部拆除重建，

还是在原有基础上提升改造，我们研究讨论了很久，最终
还是决定在原有挑檐拱栋、古朴典雅的基础上，融入中国
元素、江南韵味和杭州特色，使其具有更浓郁的民族特色，
整体形象更加妩媚秀丽、方正端庄，以符合人们对江南的
审美期待。

譬如，我们把江南园林里常见的漏窗元素融入室内设
计中，以目力所及的西湖自然山水和雷峰夕照、三潭印月、
苏堤春晓三个"西湖十景"中的景点为图景，通过移步换景，
给来者以无尽的生机和流动的诗意。而这样构思精巧的艺
术细节在整个建筑内有多处体现，把楼外楼衬托得宛若一
座典雅的宫苑。峰会的菜肴制作，可以说是动足脑筋，大
胆创新，不断提升厨师的技能水平，发挥厨师的聪明才智。
为适应来自不同国家客人的口味，厨师团队在传承的基础
上研发菜肴，把杭州特色、西湖元素等完美地融入到菜肴
中，让宾客在感受杭州美景的同时，也能品尝杭州的美味。
我们还邀请服务专家对服务人员的仪表仪容、服务礼节、
规范操作等进行系统化培训，且更注重细节，注重实效。
严格按国宴的标准对餐台的每一个物件、服务人员的每一
个表情和手势等作出要求，一个动作，一个手势，都要精
准到分秒。

2016 年 9 月 5 日，G20 杭州峰会元首的夫人们在楼外楼二楼宴会厅享用午宴，宋嫂鱼羹、香鲜菠萝虾、杭州荷香鸡、蟹味鱼丝黄鱼夹、荷塘月色等杭州美味在此展现，盘中美食与窗外西湖美景相得益彰，完美描摹了杭州的独特韵味，而这场精心准备的午宴也获得了元首夫人们的高度赞扬。

G20 杭州峰会"大考"，对楼外楼来说是一个整体大提升的机会。峰会结束后，"后峰会效应"让楼外楼也迎来了前所未有的发展机遇，人流量和营业额都呈现"井喷式"增长。

电视剧《楼外楼》再次"以文兴楼"

2018 年，央视一套播出历史大剧《楼外楼》，让楼外楼在峰会之后再一次为世人所瞩目。

电视剧《楼外楼》以杭州楼外楼菜馆的发展为原型，以 20 世纪 20 年代初至新中国成立约 30 年间的历史风云为背景，讲述了楼外楼掌门人在特殊岁月里，励精图治、努力创新，把楼外楼从一家名不见经传的湖滨小店，发展成为名扬天下的餐饮品牌、文化名楼的故事。电视剧中，

楼外楼内景

楼外楼经过北伐、抗日、解放战争等洗礼，已经不仅仅是一家普通的餐馆，而是代表了一种历史文化传承，是兴业报国的浙商精神，是中华民族的尊严与希望。

楼外楼之所以能传承百年而长盛不衰，是和楼外楼"以菜名楼，以文兴楼"的经营理念密不可分的。从文化的角度来说，楼外楼更是一个"以文兴楼"的文化沙龙，吴昌硕先生在此举办过画展，章太炎、马寅初、李叔同、鲁迅、郁达夫、徐志摩、梅兰芳、盖叫天等名人，也纷纷到此，或品尝名菜佳肴，或题诗作画，与友客相聚甚欢。

同时，楼外楼又是承载杭州记忆的"城市味道"。楼外楼传统菜肴烹饪技艺已列入浙江省非物质文化遗产项目，包括西湖醋鱼、叫化童鸡、东坡焖肉、龙井虾仁等十二道传统名菜。为了传承好百年老店的品质，使其脉络清晰且具有生命力，楼外楼实行固定的厨师烧固定的菜肴的方式，即传统菜肴由专人烹饪。师徒结对，一个团队，一个人，有可能一辈子就研究一个菜，做西湖醋鱼的一辈子就烧西湖醋鱼，做东坡焖肉的一辈子就烹制东坡焖肉，把我们的名菜学透做精，做出灵魂，做到极致，将杭州故事、中华文化蕴含其中，传扬出去。

近年来，楼外楼始终把文化建设放在首位，组织编写了《图说楼外楼》《品说楼外楼》《史说楼外楼》等系列丛书予以出版。我们紧紧抓住影视作品传播广、文化影响力大的特点，进一步挖掘楼外楼丰富的文化，同时通过不断创新保持老字号永久的活力。楼外楼在全省餐饮业中导入食品安全管理体系 ISO 22000，给品牌注入了全新的管理理念。如今，从真空包装叫化童鸡、东坡焖肉到宋嫂系列冷冻冷藏食品，再到酱腌腊食品，直至杭州糕点系列，楼外楼的食品加工厂借助互联网把这些传统的杭州名菜深加工后送到世界各地。

随着楼外楼的不断发扬光大，杭州"西湖老味道"也将进一步走出国门，佳肴传天下。

（邓志平：杭州楼外楼实业集团股份有限公司党支部书记、董事长。此文原载杭州市政协文化文史和学习委员会编的《杭州记忆》第二辑，杭州出版社 2019 年 3 月出版，此处引用时略作删改）

目录

1

宋韵美食，好吃好看是必须的

宋韵美食新滋味

西湖十景入宴来

宋韵是啥？学界有学界的观点，民间有民间的说法，宋代尤其是南宋流淌至今的精致丰富的美食文化肯定包含其中。

如何把宋韵美食展示于当代？拿什么给中外食客品尝？楼外楼想到了南宋"西湖十景"。"西湖十景"中的平湖秋月与楼外楼近在咫尺，"西湖十景"中的断桥残雪、曲院风荷都距离楼外楼不过一箭之遥，楼外楼与"西湖十景"的缘分实在太紧密了。

成书于南宋末年的《梦粱录》卷十二《西湖》载："近者画家称湖山四时景色最奇者有十，曰苏堤春晓、曲院荷风、平湖秋月、断桥残雪、柳浪闻莺、花港观鱼、雷峰夕照、两峰插云、南屏晚钟、三潭映月。春则花柳争妍，夏则荷榴竞放，秋则桂子飘香，冬

3

则梅花破玉、瑞雪飞瑶。四时之景不同，而赏心乐事者亦与之无穷矣。"

南宋画家杭州人叶肖岩有《西湖十景图》传世。叶肖岩生平不详，宋理宗宝祐间（1253—1258）以画出名。读者在本书中可见这十幅传世名作。

王洧，生卒年不详，宋理宗宝祐年间在世，写过《湖山十景》（湖山十景即西湖十景）诗十首。

在南宋，"西湖十景"有画有诗有文字记载，简直是叠加的宋韵。现在，楼外楼要在叠加的画、诗、文上再叠加美食，呈现宋韵"四重奏"。

楼外楼给大厨们出考题：以"西湖十景"入菜，在餐桌上形成"西湖十景"美味。"西湖十景"菜品既要具有景的描摹，又要体现诗的意境，还必须给予良好的美味体验。

这十个考题完全不同于大厨们以往的技术晋级考评，也不同于同行间的技艺大赛，而是融技术于文化之中的艺术创作。

"西湖十景"有丰富多彩的自然景观，有非常经典的造园意趣，有千古传诵的人文故事，要把这些西湖文化的代表用菜品的形式浓缩于盘碟之中，展现于餐桌之上，取悦于食客的视觉、嗅觉、味觉，让食客在享受美食之后从心里说一声"好"，难是真难！

且看楼外楼大厨们的巧思创意、倾情奉献。

苏堤春晓

SUDICHUNXIAO

最佳观赏期　3月—4月

苏堤春晓，指苏堤春暖花开、万物复苏的美景。北宋元祐五年（1090），杭州知州苏轼用疏浚西湖时挖出的葑泥堆筑了一条南北走向的长堤，后人为纪念苏轼，将此堤称为"苏公堤"或"苏堤"。苏堤自宋代至今，一直保持了沿堤两侧间种桃树和垂柳的特色，春季拂晓，薄雾蒙蒙，垂柳初绿，桃花盛开。

孤山落月趁疏钟，
画舫参差柳岸风。
莺梦初醒人未起，
金鸦飞上五云东。

——〔南宋〕王洧

苏堤春晓　〔南宋〕叶肖岩

堤柳而今尚姓苏

楼外楼头雨似酥，淡妆西子比西湖。

江山也要文人捧，堤柳而今尚姓苏。

这是民国二十四年（1935）夏，中国现代文学史上著名作家郁达夫在杭州西湖楼外楼餐馆写下的《乙亥夏日楼外楼坐雨》诗。

遥想当年，郁达夫饮酒于楼外楼，恰逢细雨蒙蒙，眺望苏堤，翠色蜿蜒朦胧，正是"晴西湖不如雨西湖"，兴之所至，吟出了这首诗。

遗憾的是我们现在无法追踪到当年郁达夫在楼外楼点了哪些菜。

我们可以想象一下，早春时节，如果坐在楼外楼欣赏苏堤春晓美景，再品尝一道名为"苏堤春晓"的美味佳肴，会是怎样一种享受呢？

且看：绿堤横卧，碎花点点，是不是有春的气息款款而来的感觉？因为是早春，还没有到繁花似锦的时节，绿意中夹着三三两两红色、黄色、紫色花瓣，衬着轻盈的白色百合，寓意着姹紫嫣红的春色即将到来，沉寂了一个冬天的心也与花同放……

哦，春晓，这就是苏堤上的春晓，这道菜就叫"苏堤春晓"。

芦笋、豆苗、百合，这些简单的食材，如此组合，净素、原味，像一幅简约的春色图画，把春天万物生发时独有的新意和欢喜送到食客眼里、嘴里、心里。

芦笋，原产于地中海东岸及小亚细亚，20世纪初传入中国，有"蔬菜之王"的美称。芦笋以嫩茎供食用，质地鲜嫩，风味鲜美，柔嫩可口。

豆苗，一般指豌豆苗，又称"豌豆尖""龙须菜""龙须苗"，是以豌豆的幼嫩茎叶、嫩梢作为食材的一种绿叶菜，其味清香、质柔嫩、滑润适口，用来热炒、做汤、涮锅皆可，不失为餐桌上的上乘蔬菜。

既然郁达夫在楼外楼写到了苏堤，那我们就先来简单说几句苏堤。

9

苏堤春晓

主要食材：芦笋、豌豆苗、百合

11

宋哲宗元祐五年（1090）四月二十九日，苏东坡在杭州知州任上，上奏朝廷的《乞开杭州西湖状》中列出了疏浚西湖的理由：保障市民饮用水、农田灌溉、生态保护、疏浚河道、保护官营酿酒业发展（朝廷重要的税收来源）等，朝廷同意了苏东坡的奏请。

至于在疏浚西湖的过程中，利用挖出的葑泥构筑长堤，南起南屏山麓，北到栖霞岭下，全长近三公里，连接了西湖南山与北山，给西湖增添了一道亮丽的风景线，那完全是疏浚西湖的"副产品"，只能说明苏东坡才情卓著、心胸旷达，特别善于治理城市。

苏东坡离开杭州以后写有一诗纪事，摘录几句：

我在钱塘拓湖渌，大堤士女争昌丰。

六桥横绝天汉上，北山始与南屏通。

忽惊二十五万丈，老葑席卷苍云空。

苏东坡写这首诗是在宋哲宗元祐七年（1092）扬州知州任上。在诗中，苏轼回忆疏浚杭州西湖的过程，湖上挖出的葑泥筑成了长堤，堤上种植杨柳、芙蓉，又架筑了六桥，沟通了南北，不但使杭州西湖面目一新，而且为西湖增添了新的景观。

苏东坡不可能自己把这条堤命名为"苏堤",其继任者林希一上任即榜曰"苏公堤",至迟南宋已有了"苏堤"的说法。

吴自牧《梦粱录》卷十二记载:"曰苏公堤,元祐年东坡守杭,奏开浚湖水,所积葑草,筑为长堤,故命此名,以表其德云耳。自西迤北,横截湖面,绵亘数里,夹道杂植花柳,置六桥,建九亭,以为游人玩赏驻足之地。咸淳间,朝家给钱,命守臣增筑堤路,沿堤亭榭再一新,补植花木。"

在南宋时,朝廷出资在堤上筑路,还对堤上的亭榭进行了修葺,并且在堤上广种花木,真正形成了苏堤景观。

南宋时把西湖及其周边的十处特色风景称为"西湖十景",苏堤春晓被列为"西湖十景"之首。苏堤春晓景观是指寒冬过后,苏堤柳绿花明,有报春的意思在里面。

"苏堤春晓"这道菜,展现的就是苏堤报春的意境。

曲院风荷

QUYUANFENGHE

最佳观赏期　6月—7月

曲院风荷（一作曲院荷风），位于西湖西北角。据记载，宋代洪春桥畔有一处官家酿酒作坊，每逢夏日，熏风吹拂，荷香与酒香四溢，时人称之为"曲院荷风"或"曲院风荷"。清朝康熙帝游湖时，将其正名为"曲院风荷"。现在曲院风荷景区占地420余亩，种有红莲、白莲、重台莲、洒金莲、并蒂莲等品种，是我国赏荷的佳地。

避暑人归自冷泉，
步头云锦晚凉天。
爱渠香阵随人远，
行过高桥旋买船。
——〔南宋〕王洧

曲院荷风 〔南宋〕叶肖岩

十里荷花九里松

西湖的一大特色是夏季荷花。蓝天碧水衬着红花绿叶，色调简单却又分明。尤其是烈日当空，花愈红，叶愈翠，群山环绕，风情别具一格。杨万里有诗：

毕竟西湖六月中，风光不与四时同。

接天莲叶无穷碧，映日荷花别样红。

说的就是这样的景色——既清雅又浓烈。

如何把清雅与浓烈集于一体？我们来看看楼外楼的厨师对这道"考题"的解答。

呈现在眼前的"曲院风荷"菜品，莲花与莲蓬相伴，清雅静美；而莲花中的那一点红，红得鲜艳欲滴。

莲蓬是用鱼茸做成的，镶嵌着几粒甜豆，与莲蓬相像，又比常见的莲蓬更具有观赏性，颇有点中国画论中"在似与不似之间"的意境。莲花是用芽菜做成的，中间用鲜红的枸杞点缀。几片金钱草象征荷叶。

这一切组合在冰裂纹的圆形器皿中，漂浮于汤水之上，让食客领略视觉与味觉上的合韵之美，联想到西湖，联想到清风中轻轻摇曳的莲荷，联想到南宋风韵。

南宋时，西湖水面荷花比较集中的有三处。一处在净慈寺外，杨万里《晓出净慈送林子方》描写了此处场景。

另一处在孤山北水面，淳熙十二年（1185），59 岁的杨万里和朋友在孤山水面赏荷花，诗兴大发，一口气写了十首咏荷诗——《大司成颜儿圣率同舍招游裴园泛舟绕孤山赏荷花晚泊玉壶得十绝句》。从这十首诗里我们可以读出这样一些信息：一是"泛舟绕孤山赏荷花"，可知 800 多年前孤山北面荷花遍布，芳香四溢。二是"芙蓉香里葛头巾"，描写了国子祭酒颜师鲁（字几圣）等人在荷香萦绕中品酒的情形。三是"只拣荷花闹处行"，一个"闹"字，写出荷花盛开得多且好。四是"集芳园下尽荷化"，北山有集芳御园，与孤山的湖水间开遍了荷花。五是"旋折荷花剥莲子"，游客们从小贩那里买来莲蓬，一边赏荷，一边剥莲子吃，新鲜的莲子"露为风味月为香"，略带甜味，清香扑鼻。

曲院风荷

主要食材：芽菜、鱼茸、金钱草

还有一个赏荷之处就是曲院风荷。南宋时，曲院是一家酿制官酒的作坊，在如今的九里松东、洪春桥一带。当时，金沙涧水在这里流入西湖，酿酒师傅取金沙涧水制曲酿酒，并在湖中种植大片荷花。初夏时节，清爽的湖风吹来，荷香伴着酒香，那是别有一番风味。这就是"曲院风荷"的来历。

南宋汪元量（约1241—约1317），字大有，号水云，钱塘人，宫廷琴师。其《西湖旧梦》（其一），可以当作曲院风荷的注解来读：

南高峰对北高峰，十里荷花九里松。

烟雨楼台僧占了，西湖风月属吾侬。

从诗中我们可以得知，南宋时此地荷花之盛，西湖水域之广。

现在的曲院风荷在苏堤之西，靠北山街。清康熙年间（1662—1722），为迎接皇帝巡游，官府特地在苏堤跨虹桥

畔的岳湖里引种荷花，增设水榭楼台，并请人弹奏秦汉古曲。康熙
赏荷听曲，欣然题字"曲院风荷"。咸丰末年，曲院风荷毁于兵火。
1980 年起，原有的曲院风荷，沿岳湖延伸到杨公堤卧龙桥畔的郭庄，
被扩建成了一个占地面积达 426 亩（合 28.4 万平方米）的新景区，
成为现今最负盛名的西湖赏荷地。

现在西湖的荷花虽然不能说是遍布，但也是多处可见，比起南
宋毫不逊色，孤山脚下多处水面就有荷有莲。

在欣赏了"曲院风荷"的菜品之后，食客也许会有疑问：这道
菜形制高雅，口味如何呢？这道菜的要点在于对鱼茸干湿度和对芽
菜生熟度的把握，口感好坏全在于此。至于口味，"水"不但用高
汤煨制，而且须过滤，达到"水"至清而有味。

平湖秋月

PINGHUQIUYUE

最佳观赏期　9月—10月

平湖秋月位于白堤西南端，背倚孤山，面临外湖。清秋
气爽之时，明月当空，湖面如镜，月光与湖水交相辉映。南宋时，
平湖秋月并无固定景址；清康熙年间（1662—1722），现址
为平湖秋月景观所在地。

万顷寒光一席铺，

冰轮行处片云无。

鹫峰遥度西风冷，

桂子纷纷点玉壶。

——〔南宋〕王洧

平湖秋月　〔南宋〕叶肖岩

一色湖光万顷秋

中秋节是中国人最看重的传统节日之一。

八月十五，中秋佳节。在唐代，中秋赏月、玩月开始流行，许多诗人的名篇中都有咏月的诗句。

唐代张祜（约785—约852），字承吉，贝州清河人，出身富豪之家，有诗名。其《中秋夜杭州玩月》诗，描述了在杭州的文人雅士中秋赏月的情形。到了宋代尤其是南宋，中秋赏月盛行，中秋为节，于是便有了"西湖十景"之一的平湖秋月。

楼外楼厨师呈现给我们的是"弯月与圆月并存"的造型，这似乎是悖论。在天象中不可能存在"弯月与圆月并存"的现象，但是，如果从人们对幸福美好生活的向往去理解，从月缺到月满，不正寓意分别的亲人团圆吗？

南瓜做成弯月，元贝做成圆月，一暗一明对衬；马兰头打羹为"湖"，略见涟漪，动静相宜，颇有"今人不见古时月，今月曾经照古人"的意境之美。

24

中秋月，既在天上，又在西湖之中，还在人的心中，也可以在食客的口中。

平湖秋月既然是个景点，南宋时它在哪里？

这就要说几句南宋杭州人的中秋赏月了。《武林旧事》等都有杭州人过中秋节的记载，而《西湖老人繁胜录》对中秋的记载，倒是更突出了"赏月"："是夜城中多赏月排会，天气热，宿湖饮酒，待银蟾出海，到夜深船静，如在广寒宫内。"

可见中秋赏月最佳处在西湖之中，这与古人在杭州留下的中秋赏月诗词可以相互印证。

孙锐（1199—1277），吴江平望人，度宗咸淳年间（1265—1274）进士。其写有《平湖望月》诗：

> 月浸寒泉凝不流，棹歌何处泛归舟？
> 白蘋红蓼西风里，一色湖光万顷秋。

诗人的望月是在西湖之中，并且还"棹歌"。

尹廷高，字仲明，号六峰，处州遂昌人，宋末元初在世。其

平湖秋月

主要食材：南瓜、元贝、马兰头

写有《平湖秋月》诗：

烂银盘挂六桥东，色贯玻璃彻底空。

千顷清光无着处，夜深分付与渔翁。

诗人感叹，夜深人静，月色如银光映入浩瀚透明的湖水中，如此美景，却只有自己和捕鱼人在享受。

这说明杭州文人雅士比较喜欢在水平如镜的西湖赏月。其实，作为"西湖十景"之一，南宋时平湖秋月似乎并无固定的观景点，这从当时以及元、明两朝文人赋咏的诗词多从泛舟夜湖、舟中赏月的角度抒写不难看出。明万历年间（1573—1620）的"西湖十景"木刻版画中，《平湖秋月》一图也表现为游客在湖船中举头望月。

现如今的平湖秋月景点位于白堤西南端，背倚孤山，面临外湖。因清康熙三十八年（1699），康熙帝南巡到杭，御书"平湖秋月"，从此景点固定，立碑湖畔。

中秋，不仅仅赏月，吃喝玩乐的事情不少。《梦粱录》载："此夜月色，倍明于常时，又谓之'月夕'。此际金风荐爽，玉露生凉，丹桂香飘，银蟾光满。王孙公子，富家巨室，莫不登危楼，临轩玩月，或开广榭，玳筵罗列，琴瑟铿锵，酌酒高歌，以卜竟夕之欢。至如铺席之家，亦登小小月台，安排家宴，团圞子女，以酬佳节。虽陋巷贫窭之人，解衣市酒，勉强迎欢，不肯虚度。此夜天街卖买，直至五鼓。玩月游人，婆娑于市，至晓不绝。"

说的是，中秋节到了，此时月色比平常明亮许多，这天晚上又称作"月夕"，皇家要举行祀礼。秋风送爽，秋露透着凉意，桂花飘香，月亮圆满皎洁。豪门盛宴高歌，恣情畅饮。商家店铺，也在月台上摆上家宴，团聚子女。即使住在陋巷里的穷人也要把衣服当了换酒喝，好好过个节。御街上买卖喧闹，直到天亮。赏月的游人，徘徊于市井中，天亮了也没有散尽。

中秋官民都"恣情畅饮"，不可能没有下酒菜啊，他们吃些啥？可惜《梦粱录》里这一节没有说。那就来看看楼外楼大厨做的"平湖秋月"菜品。

"平湖秋月"这道菜所用原材料简单，制作也不复杂，胜在造型与寓意。要注意的是，南瓜做成的弯月不能太生，也不能太熟，太生影响口感，太熟容易变形。

断桥残雪

DUANQIAOCANXUE

最佳观赏期　12月—次年2月

　　断桥残雪位于西湖北部白堤东北端的断桥，为西湖冬季赏雪胜地。西湖雪后初晴时，断桥桥面上部分积雪融化，部分白雪尚存，远望似有"雪残桥断"之感觉。民间传说故事《白蛇传》中，白娘子与许仙相识于断桥。

望湖亭外半青山，
跨水修梁影亦寒。
待伴痕边分草色，
鹤惊碎玉啄阑干。
——〔南宋〕王洧

断桥残雪　〔南宋〕叶肖岩

鹤惊碎玉啄阑干

白堤东北端的断桥为杭州西湖最主要的景点之一，无可争议。每年体现假期火热程度的新闻图片，乌泱乌泱站满人的断桥必定名列前茅。

其实，就桥本身来说，断桥实在普通得很，与白堤上的锦带桥以及苏堤六桥差不多，可断桥在游客的心目中就是独一无二的，简直就是不到断桥就是没有来过杭州。

在断桥上留个影，背景是北里湖、北山街、宝石山、保俶塔，这四个层次加上断桥，文化元素、审美旨趣之丰富，西湖的其他景点难以相比，难怪游客络绎不绝。

说几句断桥的来历。

《梦粱录》卷十二《西湖》载："曰孤山桥，名宝祐，旧呼曰断桥。"《武林旧事》卷五《湖山胜概》载："断桥，又名段家桥。"

关于断桥之名的由来有两种说法：一种说法是孤

山路经此桥而断，所以称断桥；还有一种说法是从段家桥的"段"字音讹为"断"而来。断桥的东北有御碑亭，原内立的"断桥残雪"碑，是清康熙三十八年（1699），康熙皇帝南巡至杭州御书，"文化大革命"期间被毁，现碑为后来仿原碑刻制。现存断桥是1941年改建，20世纪50年代又经修饰。

　　断桥还与中国四大民间爱情传说之一《白蛇传》相关。《白蛇传》的故事源于唐代，经过了一千多年的演变。《白蛇传》讲述了一个修炼成人形的蛇精与人的曲折爱情故事。白娘子和许仙在断桥偶遇相识，经历磨难以后又在断桥相遇，演绎了一段跌宕起伏的爱情故事，使得断桥成为浪漫爱情的标识符号。大部分的中国戏曲剧种都上演过《白蛇传》。

　　在楼外楼大厨们的手中，"断桥残雪"是怎么样的？

断桥残雪

主要食材：莴笋、鲍鱼、蟹柳、目鱼、鸡蛋干、红酒雪梨、核桃仁、蛋卷、基围虾、西兰花、椰粉

"孤山凝远目，湖面雪花飘。"

菜品呈现的几乎就是断桥残雪景点及背景。大厨说，断桥与宝石山相望，保俶塔见证了白素贞与许仙的爱情。把"断桥残雪"这道菜聚焦于白素贞与许仙的爱情，当然是恰当的选择。

莴笋做成桥，浸过酱汁的鲍鱼仿佛暗红色的宝石山岩，目鱼片叠成塔……尽管类似于实景，但也有寓意，红酒雪梨象征着火热的爱情，为这道菜增添了浪漫色彩。

这道菜同时展现残雪的意境，创意十足，洒落的白色膨化小球寓意雪景，之所以没有铺满盘面，是暗合了"残"。

就景观而言，断桥残雪作为西湖冬季赏雪胜景，有它的独特性。如今西湖雪后初晴时，泛舟湖中或在北山街伫足，远望白堤，长长的白色雪线，在断桥那

一段似乎中断了，因而有"雪残桥断"的奇妙感觉。

杭州人对于雪的向往，近年是越来越浓厚了，物以稀为贵嘛，实在是因为冬季下雪越来越少了。偶尔下场雪，还不大，断桥上必定人挤人站满人，脚下薄如细盐的雪早已被踩踏成湿答答的泥水了，还狂拍摩肩接踵的照片发朋友圈。这哪里是观赏断桥残雪的景观？轧热闹而已，我拍故我在。

断桥不断与长桥不长、孤山不孤同为西湖三大奇观，其中断桥的关注度最高，光顾的游客最多。

在一道菜中要容纳多方面的历史文化，显然是不可能的，即使竭力做了，也会费力不讨好，所以楼外楼大厨在用食材制作景观的同时，能够突出爱情与残雪这两个元素，确实已经是煞费苦心了。

还有，鲍鱼、目鱼等是否软硬适口，倒是要考虑到的，毕竟这是一道菜，口感和颜值要并存。

柳浪闻莺

LIULANGWENYING

最佳观赏期 4月—5月

柳浪闻莺位于西湖东南岸，清波门旁。南宋时为御花园，称聚景园，清代恢复柳浪闻莺旧景。现为占地17万平方米的大型公园，遍植柳树，有"醉柳""狮柳""浣纱柳"等，时有黄莺飞舞，啼鸣悦耳。

如簧巧啭最高枝,
苑树青归万缕丝。
玉辇不来春又老,
声声诉与落花知。
——〔南宋〕王洧

柳浪闻莺 〔南宋〕叶肖岩

声声诉与落花知

柳浪闻莺，柳枝飘逸，莺啭清脆……

想想就是一幅美景，而且这幅美景不是静态的图画，应该是"视频"，至少是"动图"。

怎样把柳浪闻莺美景用食材体现出来呢?

且看：三只清纯可爱的黄莺，一高两低地站立，它们噘着淘气的小嘴，鸣叫声中貌似在诉说着什么。黄色的脑袋，白色的身子，特别是那翘尾，再加上柳枝轻拂，虽然不可能在餐桌上听见富有音韵的莺啭，但这道菜真的是动感十足。

吐司象征着土地，让人联想到麦子的生长。

散落的咖啡豆，是点缀，加热以后稍稍散发出香气，夹杂着现代感。

这道菜极具观赏性，意境不错，盘面疏朗，食材不复杂，基围虾保持原味，成形有一定的技巧性，可以引发食客对柳浪闻莺景观的联想。

　　据南宋周密的《武林旧事》等书籍记载，西湖东南岸的清波门旁，南宋时为皇家园林，称聚景园。聚景园范围很大。清波门外是南门，涌金门外是北门，流福坊水口为水门。聚景园内建有会芳殿、瀛春堂、揽远堂、芳华堂等近二十座殿堂亭榭。聚景园还引西湖之水入园，开凿人工河道，上设学士、柳浪二桥。

　　"聚景园，清波门外，孝宗致养之地，堂扁皆孝宗御书。淳熙中，屡经临幸。"聚景园是孝宗、光宗、宁宗三位皇帝的游赏之处。《武林旧事》卷七记载："乾道三年三月初十日，南内遣阁长至德寿宫奏知：'连日天气甚好，欲一二日间恭邀车驾幸聚景园看花，取自圣意选定一日。'太上云：'传语官家，备见圣孝，但频频出去，不惟费用，又且劳动多少人。本宫后园亦有几株好花，不若来日，请官家过来闲看。'"虽然太上皇宋高宗这次谢绝了宋孝宗请他到聚景园游赏之请，但可推测此前宋高宗已经去聚景园游赏多次了。

　　皇帝们在聚景园游赏，除了看风景，很可能还看小内侍抛彩球、蹴秋千，在射厅看百戏。"抛彩球"即"蹴鞠"，也就是古代的踢足球，先秦时就有，是宋代最热门的体育项目。"在射厅看百戏"，"射厅"是宫廷中演习武艺射弓的专门场所，百戏是古代乐舞杂技表演的总称，在宋代专指杂技及竞技表演。北宋时百戏十分流行，汴梁每逢节日，举行歌舞百戏盛会，南宋更盛。

聚景园内遍植柳树，春季嫩绿的柳枝随风飘逸，如同一幕翠帘，柳树间多黄莺飞舞，莺啭清脆，"西湖十景"之一的柳浪闻莺因此而来。

对照着"柳浪闻莺"菜品，我们再来读一读王洧的《柳浪闻莺》诗：

柳浪闻莺

主要食材：基围虾、吐司、咖啡豆

如簧巧啭最高枝，苑树青归万缕丝。

玉辇不来春又老，声声诉与落花知。

簧，乐器里为振动发声置的薄片。啭，鸟婉转地叫。玉辇，皇帝的车驾。

这首诗大意为，御花园里千万条柳枝随风飘逸，黄莺站在柳树最高端婉转地唱着动听的歌。春季快过去了，皇帝的车驾却还没有来，清脆的莺啭只能唱给落花听了。

也许有一年的春季，王洧有机会进入聚景园，因皇帝没有来此，聚景园显得冷清，王洧便有了皇帝辜负御花园里美好春色的感叹，于是就写了这首诗。王洧的感叹与黄莺的空鸣是不是很吻合？

"柳浪闻莺"菜品展现给我们的是，柳的青翠和莺的鸣啭，表现的是春天的勃勃生机，简约而不失优雅，有动感而不夸张，这些都需要在比手掌稍大一点的瓷盘里呈现，可见厨师也是煞费苦心了。

还有难得的是，这道菜既有很强的装饰性，同时归位于菜品的本质属性，不光造型好看，而且好吃。

装在器皿中端上餐桌的，应该大都可以吃，还要口感好，因为这是菜，而不仅仅是图画或者造型，也不仅仅是艺术品。

花港观鱼

HUAGANGGUANYU

最佳观赏期　12月—2月

　　花港观鱼位于西湖西南角，东接苏堤，南北分别毗邻小南湖和西里湖。花家山麓有一小溪，流经此处注入西湖，沿溪多栽花木，故名"花港"。南宋时，内侍官卢允升曾在花家山下建园，引水入池，蓄养五色鱼以供观赏怡情。

断汉惟余旧姓存，
倚阑投饵说当年。
沙鸥曾见园兴废，
近日游人又玉泉。
——〔南宋〕王洧

花港观鱼 〔南宋〕叶肖岩

倚阑投饵说当年

观鱼，杭州有两处知名景点，一处在植物园内玉泉，还有一处在花港公园内。如今，前者供人观赏的主要是大青鱼，后者供人观赏的是五色鱼，二者截然不同，各有特色。

从时间上说，二者均在南宋时已成观鱼景点，前者至清代称"玉泉鱼跃"，后者自南宋起而称"花港观鱼"。

在餐桌上如何呈现花港观鱼？

历来杭州人多喜欢吃鱼。江南，江河相连、湖泊众多、沟渠纵横，鱼类繁多，使得杭州人有了吃鱼的口福。

北宋范仲淹在赴任睦州知州的路上写过一首诗《江上渔者》：

江上往来人，但爱鲈鱼美。

君看一叶舟，出没风波里。

说的是，江岸上人来人往，熙熙攘攘，人们在等待捕鱼的船归来，只为了先买到鲜活的鲈鱼，能早一点品尝美味。

富春江边食客们吃鱼的心情有多急迫。

苏东坡也爱吃鱼。宋神宗元丰三年（1080）苏东坡因"乌台诗案"被贬为黄州团练副使，官职低微，没有实权，还要受当地官员的监视。他在朋友的帮助下弄了块城东的荒地，带着一家人开荒种地。即便生活在这样的处境，苏东坡还是个乐天派，让我们来读一读他写的诗《初到黄州》：

自笑平生为口忙，老来事业转荒唐。
长江绕郭知鱼美，好竹连山觉笋香。
逐客不妨员外置，诗人例作水曹郎。
只惭无补丝毫事，尚费官家压酒囊。

在这首诗中，苏东坡自嘲"自笑平生为口忙"，这句诗除了嘲笑自己一生都在为谋生糊口到处奔忙的含义之外，还有喜欢美食的意思在里头。苏东坡是位公认的美食家。"长江绕郭知鱼美，好竹连山觉笋香"两句

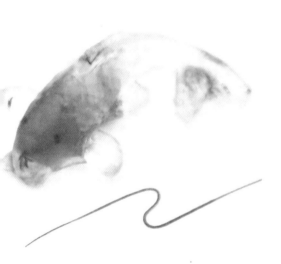

花港观鱼

主要食材：目鱼卷、蟹肉、鱼肉卷、明虾、
羊肚菌、黄瓜、奶冻、鸡蛋干、西兰花、
核桃

51

诗说的是，流经黄州城的长江里有美味的鱼，漫山遍野的竹林里散发出阵阵笋香。

日子过得很艰难，却还记挂鱼的美味，大概也只有苏东坡了。

《梦粱录》卷十六上记载了众多的鱼肴，鲜的干的，煮的炸的，应有尽有。仅仅"脍"（把鱼、肉切成薄片）的做法就有鲈鱼脍、鲤鱼脍、鲫鱼脍、群鲜脍、鱼鳔二色脍等等。另外，居然还有带辣味的鱼辣羹，南料北烹在此也可见一斑。

杭州，至今在餐桌上，鱼的品类非常多，做法也各异：整条鱼入盘的有西湖醋鱼、松子鳜鱼、清蒸鲈鱼、红烧鲫鱼……花式做法的有宋嫂鱼羹、春笋步鱼、清汤鱼丸、红烧划水（鱼尾）、鱼头豆腐、油淋鱼唇、爆炒鱼鳔、清炒鱼片……

从口味口感来说，餐桌上的鱼类菜品已经非常丰富了，并且还在不断地创新之中，比如在红烧黄鱼中放入年糕片，给喝酒的人用来"打底"，少伤胃，等等。

从观赏性来说，似乎赏心悦目的少见。

在餐桌上如何呈现"花港观鱼"？如何呈现有鱼翔

浅底动态感的"花港观鱼"?

楼外楼大厨用蟹肉、鱼肉卷等做成游动状的五色鱼，这样的创意，让人感觉鱼在菜盆里游动，做活了鱼。

不过，还有花港呢？怎么解？

现在的花港观鱼景点在西湖西南角的花港公园内，东接苏堤，处于小南湖和西里湖之间。南宋时，景点区位与现在略有不同。

南宋时花家山麓有一条小溪，曲曲弯弯流入西湖，沿溪栽有很多花木，花落溪中，星星点灯，所以取名"花港"。内侍官卢允升在花溪旁建了一座卢园，园内搭了几间茅舍，凿了水池，叠了假山，种植草木，引溪水入池，蓄养五色锦鲤以供观赏。游人循着花港，缘溪而行，至花家山下观赏水池中的五色鱼，被称为"花港观鱼"。

这是花港观鱼景点的来历。

花港与观鱼既有关联，又并非一体，不然，五色鱼都经花港而游向西湖了。

大厨说，"花港观鱼"菜品中用目鱼卷做成莲花，中间用西兰花点缀；前面的羊肚菌、黄瓜等造型意为水岸；中间的留白好似清溪流过，可视为花港。

看着这栩栩如生的佳肴，有没有"倚阑投饵"的冲动？

雷峰夕照

最佳观赏期　4月—6月

雷峰夕照位于西湖南岸夕照山上。雷峰塔是吴越国王钱弘俶因奉藏佛螺髻发以祈国泰民安而建，原称"皇妃塔"。因塔址小山名雷峰，后人称其为"雷峰塔"。每当夕阳西照，塔影横空，此景最佳，故名雷峰夕照。民间传说故事《白蛇传》中，白娘子被法海镇于雷峰塔下。1924年9月25日，雷峰塔倒塌，2000年始重建，2002年秋建成。

塔影初收日色昏，
隔墙人语近甘园。
南山游遍分归路，
半入钱塘半暗门。
——〔南宋〕王洧

雷峰夕照 〔南宋〕叶肖岩

孤峰犹带夕阳红

　　"西湖十景"中，雷峰夕照与南屏晚钟相距最近，也都有禅意。

　　"雷峰夕照"这个景名中，雷峰指的是雷峰塔；夕照既指的是雷峰塔所在的区位夕照山，又是对景观的描述，夕阳给雷峰塔披上了暗红色的霞光。此时的雷峰塔带有神秘的感觉。

　　从入菜考虑，雷峰夕照这个景点说简单也很简单，不过就是夕照山上一座塔，不难呈现。

　　想到雷峰塔的来历，雷峰夕照入菜又不简单，楼外楼大厨究竟要呈现哪一种雷峰塔？

　　先说几句雷峰塔的来历。

　　民国十三年（1924）9月25日，雷峰塔因塔砖被盗挖过多而倒坍。

鲁迅先生为此写过《论雷峰塔的倒掉》一文，开头有这样几句："听说，杭州西湖上的雷峰塔倒掉了，听说而已，我没有亲见。但我却见过未倒的雷峰塔，破破烂烂的映掩于湖光山色之间，落山的太阳照着这些四近的地方，就是'雷峰夕照'，西湖十景之一。'雷峰夕照'的真景我也见过，并不见佳，我以为。"

鲁迅先生见过的雷峰塔，是历经近千年以后的破败样子，当年可是一座巍峨壮丽的佛塔。

北宋太平兴国二年（977），吴越国王钱弘俶因奉藏佛螺髻发以祈国泰民安而建塔，高七层，名皇妃塔，后因地处雷峰之上，故而名雷峰塔。北宋宣和二年（1120），雷峰塔毁于兵火。南宋庆元年间（1195—1200），智友法师重修雷峰塔，高五层。明嘉靖三十四年（1555），雷峰塔木结构檐廊毁于火灾，仅存赭色砖塔塔芯。清康熙帝南巡时题额"雷峰西照"，料想后人不买账，仍作"雷峰夕照"。

不过，雷峰塔也是命运多舛，建了被毁，毁了又建，重建后又被毁，直到轰然坍塌。

现在的雷峰塔是 2000 年始重建的。

雷峰夕照

主要食材：南瓜、河虾仁、蟹肉、蟹黄

尹廷高，宋末元初在世，写过一首诗《雷峰落照》：

烟光山色淡溟蒙，千尺浮图兀倚空。

湖上画船归欲尽，孤峰犹带夕阳红。

这首诗大意为，在烟雾弥漫的湖光山色中，高高佛塔兀自耸立。西湖上的游船纷纷归岸，雷峰塔在夕阳的照射下散发出红光。

从宋人留下来的画作中，我们依稀可见当年雷峰塔的身影。但因为年代久远，画面朦胧，难以欣赏到雷峰塔的风采，也就是山上的一座塔而已。尹廷高生活的年代，雷峰塔应该是巍峨壮丽的，夕阳中身披红光的雷峰塔应该是禅意满满的，应该是会促动人心灵的。所以，尹廷高用"千尺浮图兀倚空"来形容雷峰塔，事实上雷峰塔不可能有千尺高，是尹廷高感觉雷峰塔高耸入云。而"孤峰犹带夕阳红"，则是描绘了静谧中充满禅意的画面，带有深深的神秘感。

楼外楼大厨最初制作的"雷峰夕照"菜品，呈现的就是被烧后、倒塌前的雷峰塔，是比照着老照片做的，黑乎乎的，历史的沧桑感倒是有一些的，但这样的菜品不太可能激发食欲。

那就再谋新思路。

雷峰塔还与民间传说《白蛇传》相关，法海看不
得许仙与白娘子人妖相爱，硬要拆散这对恩爱夫妻，白
娘子不屈抗争，拼死与法海大战，最后被法海作法镇于
雷峰塔下。

《白蛇传》的故事与"西湖十景"中断桥残雪和
雷峰夕照都有关联，西湖的景观文化真是丰富。

被众人认可的"雷峰夕照"菜品，塔还是比照着
倒塌前的雷峰塔，食材采用南瓜，看上去有点古色古香;
塔边上的夕阳也是用南瓜做的。占据盘面大部分位置的
是白色的河虾仁、蟹肉，上面覆盖蟹黄，有点儿晚霞映
衬的意思，这样的安排显然是考虑到了"吃"的因素，
还要吃起来方便。

双峰插云

SHUANGFENGCHAYUN

最佳观赏期 5月—11月

双峰插云（一作两峰插云）观景点，位于九里松。此景点本是湖中遥望之景，清初为了立碑才移到岸上。双峰即南高峰、北高峰，分别位于西湖之西南、西北。两峰遥相对峙，绵延相距十余里。当云雾弥漫时，两峰时露塔尖，直插云霄。

浮图对立晓崔嵬，
积翠浮空霁霭迷。
试向凤凰山上望，
南高天近北烟低。

——〔南宋〕王洧

两峰插云　〔南宋〕叶肖岩

峰上塔高尘世外

在"西湖十景"中，其他九景都近在眼前，唯有双峰插云"远在天边"。当然这也是相对而言的。双峰指南高峰和北高峰，彼此需要遥望；尤其是把一南一北两座山峰纳入一个景点之中，非遥望不可。

双峰插云如何入菜？

楼外楼大厨们曾经做过几种"双峰插云"菜品造型，不外乎用食材堆出两座山峰，外形倒是像的，但黑乎乎的，像假山盆景，缺乏意境美，不像端上餐桌的菜品，所用食材的口感也不好。

对于厨师来说，菜品设计太普通，没有出彩的创意，是很苦恼的。

这是个艰难的挑战。

再说几句双峰插云景点。

南高峰、北高峰，分别位于西湖之西南、西北。两峰遥遥相对，相距十余里。古时两峰之上都有塔。当云雾弥漫时，两峰时而露出塔尖，直插云霄。这就是双峰插云景点的来历，也是这个景点的奇妙之处。

宋代词人潘阆（？—1009），字梦空，号逍遥子，河北人，长期居住在杭州，做过滁州参军。有《酒泉子》（都写杭州及西湖景色）十首存世，其中一首这样描述双峰插云盛景以及登峰感受：

长忆高峰，峰上塔高尘世外，昔年独上最高层，月出见微棱。　举头咫尺疑天汉，星斗分明在身畔。别来无翼可飞腾，何日得重登。

这首词大意为，回忆那年游览南、北两高峰，仰望两峰，峰顶高高的宝塔直冲云霄。登上山顶，在朦胧的月光下，塔尖忽隐忽现。抬头望天，仿佛天穹近在咫尺，群星好像在我的身边。离别南、北两高峰后，身无双翼的我不能飞腾，哪一天可以重登南、北两高峰？

看来潘阆不仅对当年游览南、北两高峰印象深刻，而且还想着重登南、北两高峰。当然这也不算什么难

双峰插云

主要食材：梭子蟹、蛋白、黑松露酱

以实现的愿望，可为什么没有重登？也许是年龄大了，登山不便。不过，欣赏双峰插云的美景，没必要登上南、北两高峰，远远眺望视觉效果更好。

游客在什么地方能够观赏到双峰插云的景象？——泛舟在西湖之中。

难道食客眼中和口中享有"双峰插云"菜品，也必须泛舟西湖之中？

现在我们看到的"双峰插云"菜品，可以用别出心裁来评价。这道菜跳出了双峰插云实景的限制，用一对交叉的梭子蟹螯象征两座山峰，底座是一段表面布满青苔的木头，上面铺着蛋白，整个造型寓意为白云中的高峰之巅。

《西湖志》卷三记载："康熙三十八年，圣祖仁皇帝临幸西湖，御题十景，改'两峰'为'双峰'，构亭于行春桥之侧，适当两峰正中，崇奉奎章，并恭摹勒石，建御书碑亭于后，缭以周垣，丹雘翚飞，与双峰对峙。"

这就是"双峰插云"碑亭的由来。

现在"双峰插云"碑仍然在洪春桥（原名行春桥）畔，仍然有碑亭，遗憾的是，碑已不是原碑，站在碑亭的位置也看不到双峰插云景观。

两峰插云与双峰插云指的是同一个景点，表达的是同一个意思，读起来似乎"两峰插云"语感更好。

不过，对于菜品来说，同一道菜的菜名可以不同，相同的是都要进入食客的口中。别出心裁归别出心裁，寓意归寓意，菜是要入口的，总不能让食客抓一个大螯啃吧，那也太煞风景了。楼外楼的大厨将梭子蟹的肉取出，用松露酱调味，填于蟹壳内，再敷上打发的蛋白，烤熟。如此，形态像翻滚的白云，食用起来也很方便。

南屏晚钟

NANPINGWANZHONG

最佳观赏期　4月—6月

南屏晚钟位于南屏山下净慈寺旁。南屏山绵延横陈于西湖南岸，山高不过百米，山上怪石嶙峋，绿树掩映。山下有吴越国王钱弘俶所建净慈寺。暮色中，净慈寺晚钟鸣响，回荡在山间、林壑。

涑水崖碑半绿苔，
春游谁向此山来。
晚烟深处蒲牢响，
僧自城中应供回。
——〔南宋〕王洧

南屏晚钟　〔南宋〕叶肖岩

晚烟深处蒲牢响

杭州西湖南屏山绵延横陈于西湖南岸，山高不过百米，山上怪石嶙峋，绿树掩映。山下有吴越国王钱弘俶所建净慈寺。暮色中，净慈寺晚钟鸣响，回荡在山间、林壑。

于是，自然而然就有了"南屏晚钟"这一景点。

如何把宁静却又不失高雅的禅意蕴含于一道美味之中？既不能唐突了禅意，又不能失之于口味。这颇让楼外楼大厨费脑筋。反复讨论达成一致意见的仅仅是这道菜必须是素食，而食材的选择，还有制作、形器等等，各有主张。

先交代几句净慈寺的来历，静静心。

净慈寺在南屏山慧日峰下，雷峰塔对面，中国著名寺院之一。五代后周显德元年（954），吴越国王钱弘俶为高僧永明禅师而建,名慧日永明院。宋太宗于太平兴国二年(977)赐改慧日永明院为"寿宁禅院",并重加修葺。宋室南渡,建都临安(今杭州)。建炎二年(1128),宋高宗赵构下旨敕改寿宁院为"净慈禅寺"。不久寺毁,宋高宗亲临察看,下诏命湖州佛智大师道容来杭,由其聚集工匠,主持重建殿宇,五年而成。后世屡次被毁又重建。

每日黄昏,暮色苍茫,净慈寺悠扬的钟声在南屏山麓回响,伫足西湖边,聆听钟声,使人遐想无限。

紧扣寺院钟声和遐想无限,楼外楼大厨终于完成了"南屏晚钟"菜品。

呈现在我们眼前的"南屏晚钟"菜品确实使人眼睛一亮。

先说说盛器。这个盛器是特意为"南屏晚钟"这道菜制作的,选用了冬瓜。选用冬瓜是有讲究的:一个是冬瓜乃食材,符合上餐桌的都可以吃这一基本要求;还有一个是冬瓜的外形和颜色与"钟"比较接近,有形似之功。有了这两点为基础,楼外楼

南屏晚钟

主要食材：冬瓜、胡萝卜、莴笋、羊肚菌、
鲜蘑菇、土豆、心里美萝卜

大厨对冬瓜作了精细的加工，在造型上尽量与钟相似，镂刻的花纹带有禅意，能够让食客联想到南屏晚钟景点，仿佛能听到净慈寺悠远的钟声。

再来说说"钟形"盛器里面装些啥。盛器里面装的当然都是素食，有胡萝卜、莴笋、羊肚菌、鲜蘑菇、土豆、心里美萝卜等。这些食材的组合，在色彩上亮眼，夺人眼球。这些食材的加工也不是简单地切片切块切丝，而是注重形态的丰富多样。

从前的素食菜，不外乎象形和杂烩两类：一类是用素食材做成荤菜的形状，比如素鱼、素鸡、素蹄髈等；还有一类把多种素食材混搭在一起，做成素什锦等。

楼外楼大厨做的这道"南屏晚钟"素食菜跳出了以往素食菜的窠臼，别出心裁，让人赏心悦目，吃起来清口、静心。

南宋陆游喜欢素食，写过不少素食的诗，我们来读其中的一首《素饭》：

放翁年来不肉食，盘箸未免犹豪奢。

松桂软炊玉粒饭，醯酱自调银色茄。

时招林下二三子，气压城中千百家。

缓步横摩五经笥，风炉更试茶山茶。

醯酱，醋和酱，调料。五经笥，指腹中装满学问。

陆游在这首诗里说，虽然已经一年没有吃肉了，并不觉得日常餐桌上寒酸。文火煮的米饭像玉一样晶莹剔透，现蒸的茄子拌着自家调的醋和酱特别好吃。难道就是现在杭州农家做的"饭捂茄子"？很有可能。陆游家田产很多，家境富裕，不是吃不起肉，他对素食是真爱，因此觉得"气压城中千百家"，也就不是夸张了。

宋人《山家清供》（《说郛》版）里记载有一道菜，名叫"蓝田玉"，是素食："用瓠一二枚，去皮毛，截作二寸方片，烂蒸以餐之。不可烦烧炼之功，但除一切烦恼思想，久而自然神清气爽，较之前法，差胜矣。故名法制蓝田玉。"

意思是说，这道菜形状似蓝田玉，吃这道素菜，能使人心静，颇有些禅意。

这道菜用料和烹制都非常简单：将葫芦去皮，切成两寸长的方块，装盘放入盐，先用旺火蒸，然后用中小火蒸至熟透，呈透明玉色状，即可出锅。

此菜特点：色泽淡绿如玉，口味清爽淡雅。读者有兴趣不妨一试。

再来说南屏晚钟。

现在，每到元旦前一夜，杭州老百姓和游客聚在净慈寺钟楼内外，举行撞钟除旧迎新活动。当108声钟声响起，正好是新年伊始之时。这也为古老的南屏晚钟注入了新的含义。而楼外楼的这道"南屏晚钟"菜品也包含着年年如意、岁岁平安的美好寓意。

三潭印月

SANTANYINYUE

最佳观赏期　8月—10月

三潭印月（一作三潭映月），位于西湖湖心。湖中三座石塔，相传为苏东坡在杭疏浚西湖时所创设（现有石塔为明代重建）。塔腹中空，球面体上排列着五个等距离圆洞，若在月明之夜，洞口糊上薄纸，塔中点燃灯火，洞形印入湖面，呈现许多月亮，真月和假月其影确实难分。

塔边分占宿湖船，
宝鉴开奁水接天。
横玉叫云何处起，
波心惊觉老龙眠。
——〔南宋〕王洧

三潭印月　〔南宋〕叶肖岩

黄昏若看一潭月

若论景色飘逸，亭亭玉立在水光潋滟的西湖中的三座石塔组成的景观——三潭印月，应该是当仁不让。

湖中三座石塔位于西湖湖心，相传为苏东坡在杭州疏浚西湖时所设（现有石塔为明代重建），放置于湖水最深的地方。

这三座塔不仅是西湖的标志，更是杭州的标志，有多少文化艺术作品采用"塔"的元素？有多少杭产品引"塔"入形？

以前见过三潭印月入菜，用萝卜削成塔形，摆盘，非常逼真，但生萝卜不宜食用。也有用土豆做塔的造型的，也逼真，口感不好，不就是煮熟的土豆块嘛，只不过形状像塔。

"三潭印月"菜品的难点在于不仅仅要好看还要好吃。不好吃还叫美食吗？

楼外楼大厨呈现给食客的"三潭印月"菜品是什么样子的呢?

造型是塔。主要食材是鸭肉、虾茸、山药。制作起来比较复杂,先把虾茸、鸭肉、山药制成泥,然后装入鸭皮中,做成塔的造型。

为什么选鸭皮用来"包裹"?楼外楼大厨说,鸭皮的颜色接近塔的颜色,看上去逼真一点。

为什么盛器不用盆而用碟?楼外楼大厨说,用大盆虽然有湖中的感觉,但不方便用筷子夹取,用小碟子便于分食。

再说,大盘中的一叶扁舟已经点出了这是西湖中的景点。

有道理。

其实,塔只是三潭印月这个景点静止的"物件儿",当塔与月相关,三潭印月这个景点才有仙气,才显得灵动。三座塔腹中镂空,球面体上排列着五个等距离圆洞,若在月明之夜,塔中点燃灯火,洞口糊上薄纸,洞形印入湖面,天上1个月亮,水中1个月亮,每个塔中有5个小月亮,倒影相加,就能看到32个月亮。

三潭印月

主要食材：鸭肉、虾茸、山药

那才叫奇妙!

"三潭印月"菜品能不能追求这样的效果？恐怕不能。如果仅仅从形似考虑，完全能够做到，但是如果要兼顾口感，让食客吃好，那就不可能兼顾。既然"三潭印月"菜品是一道菜，必须要更多地考虑到让食客吃好。

世事难万全，在权衡中把握，烹饪也是如此。

宋末元初的王镃，字介翁，号月洞，处州平昌人，人称"月洞先生"。其写过一首《三潭印月》诗：

草满咸平古屋基，梅花几度换横枝。

黄昏若看一潭月，不出林逋两句诗。

这首诗大意为，古屋四周铺满了芳草，屋前的梅花开了一年又一年。月明星稀之夜去西湖赏月，不由得想起了林逋的两句诗。

　　读这首诗，我们可以知道，王镃先去孤山参观了林逋的旧居，晚上坐船去西湖赏月。林逋即林和靖，他的《山园小梅》诗中有这样两句："疏影横斜水清浅，暗香浮动月黄昏。"因此，王镃的《三潭印月》用"黄昏若看一潭月，不出林逋两句诗"，记录下触景生情的感慨。

　　王镃号月洞，读王镃的《三潭印月》诗，是不是感觉他与三潭印月景点冥冥之中有锁定的缘分？

　　楼外楼大厨说，把几种食材混合做成"泥"，既是为了彰显"塔"身饱满，也是为了口感更入味。这道菜的难度还在于对"塔"大小的把握。"塔"做得大，不光造型不美，而且不方便入口；"塔"做得小，制作困难；不但要兼顾美感、口感，还要便于制作。

　　现在呈现在我们眼前的是经过多次"试验"而成功

的菜品。

中秋节，不但可以坐船去西湖里赏月，也可以品尝餐碟里的"三潭印月"。

宋韵美食新滋味

　　如何把宋韵美食展示于当代？特别是拿什么给中外食客品尝宋韵美食新滋味？

　　楼外楼想到了推陈出新。

　　杭州传统名菜东坡肉、宋嫂鱼羹等都传承于宋代，尤其是南宋，能不能在此基础上推陈出新？从宋代的《山家清供》《梦粱录》《武林旧事》《东京梦华录》《事林广记》《岁时广记》等书中，吸取宋代美食元素，根据现代人对营养和口味的要求，结合中西烹饪制作方法，让宋韵美食有新的呈现。

　　楼外楼给大厨们又出考题，推出宋韵美食新滋味。

　　这个考题虽然有根植于宋代美食的基本要求，但是给大厨们发挥的创作空间却是无限的，只要把握住宋韵这个"根"，想象力、创造力完全可以自由发挥，当然，好看好吃是必须的。

　　好在《山家清供》《梦粱录》《武林旧事》等书对宋代美食的记载非常丰富，往往一种菜就有十几种乃至几十种，潜心研究，用心体会，还是能够获得创作灵感的。

　　但是，南宋毕竟与现在相隔800多年，科技的进步，使得农产品生产加工、保存保鲜、物流配送等等都有了很大的不同，烹饪设施设备、烹饪技术也有了很多的不同，这就需要楼外楼大厨们师法古人而不被古法束缚。还有，改革开放，无论是走出去还是请进来，使得越来越多的人接触到众多外国的餐饮文化，品尝到各国的美食佳肴，楼外楼大厨们更是有不少机会参与中外美食文化交流，所以，完全可以博采众长、洋为中用。

这回的"考试"，要求楼外楼大厨们把艺术创作聚焦于烹饪之中。需要大厨们从以往师傅言传身教、同行观摩学习的从业经历中走出来，与古人精神交流、自我心灵对话；需要大厨们以开放的心态，有针对性地吸取中外美食文化，并融于实践之中。以此达到职业生涯新高度，创作出令人惊艳的烹饪艺术品，让食客享受宋韵美食新滋味。

再看楼外楼大厨们的倾情奉献。

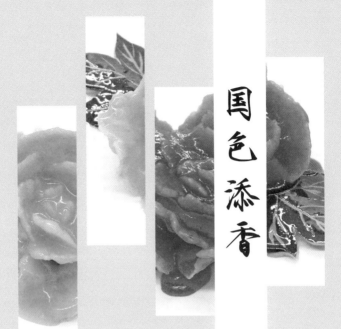

国色添香

"国色添香"这道菜是用虾脯做成的。

虾，分河虾与海虾。古代没有冷冻冷藏保存食品条件的缘故，非沿海地区特别是江南水乡，以食用河虾为主。

宋代吃虾的花样非常多，《梦粱录》等书记载，虾的做法有酒法白虾、紫苏虾、水荷虾儿、虾包儿、虾玉鳝辣羹、虾蒸假奶、查虾鱼、水龙虾鱼、虾元子、麻饮鸡虾粉、芥辣虾等等，还有用虾肉做馅的虾肉包子。

《事林广记》还记载了两种腌制虾的做法：

腌虾：虾不得洗，去尖头须尾，每斤用盐三两，腌三宿，以新布裹，压极干，煮酒一升，糯米饭拌匀密封。

酒虾：大虾不去头，每斤用盐半两，腌半日，沥干入瓶中，一层虾即入椒十余粒，多尤好，层层下讫，以好酒更化盐一两半浇之，密封泥，五七日熟，冬十余日。

北宋汪藻（1079—1154），字彦章，号浮溪，饶州德兴人，崇宁进士，做过婺州观察推官、宣州通判等。其写过一首《食虾》诗：

久忆南烹好，今朝放箸空。

短箱倾碎碧，纤指剥轻红。

腰折宜赊死，须长不疗穷。

吴儿方献纳，应与鲥鱼同。

"纤指剥轻红"，可能是先用清水将虾煮熟，然后由侍女现剥虾仁食用，这种做法，一直延续到当代，就是白灼。

杭州人煮虾的时候还往水里加一把盐，称为盐水河

国色添香

主要食材：河虾

虾。这种做法宜用活虾，保持虾的本味，不用蘸佐料。

南宋方岳（1199—1262），字巨山，号秋崖，徽州祁门人，绍定进士，做过淮东安抚司干官等。其写过《府公徽猷饷酒虾》：

长须翁卧瓮头春，醉不胜扶绝可人。

琥珀色浓红透肉，珊瑚钩嫩冷生津。

欲酬野句不当价，粘出侯家总是珍。

此法纵传无此料，石桥雪水玉粼粼。

"琥珀色浓红透肉"，可能是用酒醉虾，放入酱油添色，入味，做下酒菜。

"国色添香"这道菜与盐水河虾和醉虾比起来，复杂多了，要先将河虾去壳加工成虾脯，然后用手工做成牡丹花造型，食用方便。

这道菜创意新奇，颇费了一番周折，才确定采用牡丹花造型，菜品确实大气。

取菜名也颇费了一番周折。自古以来，国色天香是人们对牡丹花的赞美，于是就想把"国色天香"作为这道菜的名称，而这道菜不仅视觉上天姿国色，还惊艳了味蕾。后来就改一个字，把"天"改为"添"，取这道菜既是美丽的风景又为餐桌"添香"的意思。

说到牡丹，不只是洛阳牡丹天下闻，在宋代，杭州牡丹也是天下闻。北宋，杭州吉祥寺中有一位叫守璘的和尚擅长种植牡丹花，他在寺中开了一个牡丹园，园中栽种的牡丹有近百种几千株，各种名贵的品种都有。每年春季牡丹花开的时候，杭州百姓蜂拥而至来观赏牡丹，许多官员也与民同乐，来到吉祥寺赶赴牡丹之会。

熙宁六年（1073）春，牡丹花开时节。前一日，杭州通判苏东坡邀请新任知州陈襄（字述古）一起到吉祥寺观赏牡丹。第二天，苏东坡早早来到吉祥寺等待陈襄的到来，可是左等右等就是不见陈襄的人影。正在焦急之时，衙役来报，陈襄因临时有公务要处理，脱不开身。闷闷不乐的苏东坡随手写了一首诗——《吉祥寺花将落而述古不至》交给衙役，让衙役带回去交给陈襄。诗为：

今岁东风巧剪裁，含情只待使君来。

对花无信花应恨，直恐明年便不开。

这首诗大意为：今年牡丹花开得特别好，含情脉脉地等待您来观赏。您答应来赏花而未来，失信于牡丹，它会怨恨于你，恐怕明年牡丹花不会再开了。

第二天，陈襄来到吉祥寺观赏牡丹花，并即席赋诗《春晚赏牡丹奉呈席上诸君》，以此感谢苏东坡和众人：

逍遥为吏厌衣冠，花谢还来赏牡丹。

颜色只留春别后，精神宁似日前看。

雨余花萼啼残粉，风静奇香喷宝檀。

只恐明年开更好，不知谁与并栏干。

这首诗大意为：我喜欢逍遥自在，不喜欢这身刻板的官服，等到其他花要谢了，我才赶来观赏牡丹花。牡丹花在春天过后依然绽放，此次却没有了前几日生机勃勃的姿态。连续下雨使得花萼里只剩下一点残粉，可是一阵风吹来，还是会把花香传递到四面八方。很可能这里的牡丹明年开得比今年好，只是不知道到那时，能够再在 起观赏牡丹的人还有谁。

才思敏捷的苏东坡当即和了一首诗《述古闻之明日即至坐上复用前韵同赋》：

仙衣不用剪刀裁，国色初酣卯酒来。

太守问花花有语，为君零落为君开。

一段杭州牡丹花会的佳话。

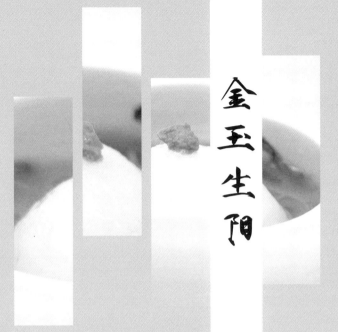

金玉生阳

"金玉生阳"这道菜的主料是羊肉。

在宋代，皇家及官宦之家普遍吃的是羊肉。

《宋会要辑稿》载，宋神宗时宫廷一年消耗"羊肉四十三万四千四百六十三斤四两"，数量非常可观。

北宋张耒（1054—1114），字文潜，号柯山，楚州淮阴人，人称宛丘先生，"苏门四学士"之一。其写过《冬日放言二十一首》（其六）：

寒羊肉如膏，江鱼如切玉。

肥兔与奔鹑，日夕悬庖屋。

嬉嬉顾妻孥，滋味喉可欲。

谪官但强名，比者何不足。

他在诗中描述冬天的羊肉洁白如膏脂。

南宋晁公溯，字子西，澶州清丰人，宋高宗绍兴进士，做过施州通判、提点潼川府路刑狱、兵部员外郎等。其写过一首《饮兵厨羔羊酒》：

沙晴草软羔羊肥，玉肪与酒还相宜。

鸾刀荐味下曲蘖，酿久骨醉凝浮脂。

朝来清香发瓮面，起视绿涨微生漪。

入杯无声泻重碧，仅得一醉夫何为。

君不见先王作诰已刺讥，后来为此尤可悲。

他在诗中这样描述羊肉，沙滩晴暖，草地柔软，羊羔正肥美，那像白玉一样的脂肪与美酒十分相配。

据《东京梦华录》《梦粱录》等书所载，宋代以羊肉为主要食材做的菜有：排炽羊、入炉羊、煎羊白肠、羊杂碎、鳌蒸羊等四十余种；当时杭州还有专做羊肉的店家，称为肥羊酒店，有丰豫门外归家、省马院前莫家、后市街口施家、马婆巷双羊店等。

"金玉生阳"这道菜，从《山家清供》的金玉羹引发而来，主料当然是羊肉，且须肥瘦相宜，配入适量的山药、板栗、元修菜（豌豆苗）。这道菜的巧妙之处是用萝卜做盛器，既可以解膻味，又可以增加菜品美感，外表看着像一块羊脂玉。

这道菜与红烧羊肉、白切羊肉、羊锅相比，更加精细。除了美味之外，还给食客很好的视觉享受。

这道菜取名"金玉生阳"，还有一个"阳气"的意思在里边。羊肉性热，冬天吃既能御风寒，又可补身体。

一直有一种误传，苏东坡不喜欢吃羊肉，喜欢吃猪肉。

传说，苏东坡在杭州疏浚西湖，筑堤建六桥，杭州百姓感念恩德，得知他喜欢吃猪肉，送了很多猪肉给他，他让厨子做成东坡肉送给民工分食。

真实的情况是宋代官宦之家普遍吃的是羊肉，苏东坡被贬黄州团练副使，是个虚职，没有俸禄（苏东坡在答秦观书中说"初到黄，廪入既绝"），他一家子的生活开销全靠以前的俸禄积蓄，银子只出不进，不得不精打细算过日子。羊肉贵，猪肉便宜，于是，苏家不吃羊肉，改吃猪肉了。苏东坡还写过《猪肉颂》纪事：

净洗锅，少著水，柴头罨烟焰不起。待他自熟莫催他，火候足时他自美。黄州好猪肉，价贱如泥土。贵者不肯吃，贫者不解煮。早晨起来打两碗，饱得自家君莫管。

这首诗的大意为：把锅子洗得干干净净，放入切块的猪肉，少放水，燃上柴木、杂草，抑制火势，用不

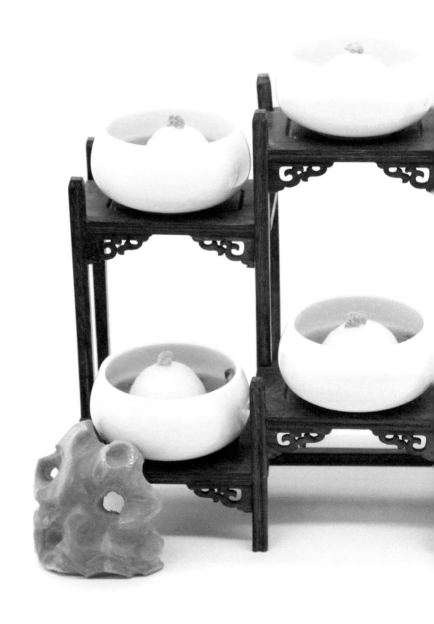

金玉生阳

主要食材：羊肉、萝卜、山药、板栗、元修菜（豌豆苗）、海胆

冒火苗的虚火来煨炖。等待它自己慢慢地熟，不要用旺火催熟它，煨炖的时间够足，它自然会滋味极美。黄州有这样好的猪肉，价钱贱得像泥土一样。富贵人家不肯吃，贫困人家又不会煮。我早上起来打上两碗，自己吃饱了您莫要理会。

苏东坡在诗里说得明白：黄州有品质很好的猪肉，价钱便宜得简直如同泥土。富贵人家不肯吃，贫穷人家不知道怎么把猪肉做出好味道。

于是，苏东坡发明了"东坡肉"，上面这首诗完全可以当作菜谱来读。

宋代羊肉价钱到底有多

高？我们来读一首诗就可以明白了。

南宋高公泗，字师鲁，蒙城人，宋高宗时为官。其写过一首《吴中羊肉价高有感》：

平江九百一斤羊，俸薄如何敢买尝。
只把鱼虾充两膳，肚皮今作小池塘。

吴中指的是苏州地区，平江在苏州内。这首诗大意为，在平江买一斤羊肉要九百钱，我这个俸禄微薄的小官哪里买得起。中、晚两餐只能吃鱼虾，我的肚皮都变成养鱼虾的小池塘了。

蟹逅妍雅

"蟹逅妍雅"这道菜的主料是螃蟹。

宋代，人们比较喜欢吃螃蟹。

孟元老《东京梦华录》载，北宋都城汴梁最大的酒楼潘楼下面，每天早上都有蟹卖，螃蟹上市的季节卖鲜蟹，其他季节卖糟蟹。

周密《武林旧事》载，南宋都城杭州城里卖蟹的商贩众多，商贩们居然成立了"蟹行"，这是不是最早的行业协会？

北宋韩琦（1008—1075），字稚圭，自号赣叟，相州安阳人，宋仁宗天圣进士，主持过"庆历新政"，做过宰相。其写过吃螃蟹的《九日水阁》诗，后两联为：

酒味已醇新过熟，蟹螯先实不须霜。
年来饮兴衰难强，谩有高吟力尚狂。

　　这首诗大意为：今年酿的美酒酒味已经很醇熟，此时的螃蟹也已经长得壮实，吃螃蟹不必再等寒霜时节了。近年来豪饮的兴致有点勉强，只有高声吟诗的能力还在。

　　可能韩丞相吃螃蟹的时候气候还不寒冷，可他等不及了，看来吃螃蟹的心情比较急迫。

　　苏东坡也喜欢吃螃蟹。苏东坡写过一首《老饕赋》，记录了他喜欢吃的几种菜，今摘录几句：

　　尝项上之一脔，嚼霜前之两螯。烂樱珠之煎蜜，溃杏酪之蒸羔。蛤半熟以含酒，蟹微生而带糟。盖聚物之天美，以养吾之老饕。

　　"嚼霜前之两螯"，指喜欢吃秋后螃蟹成熟时那两只蟹螯。螯去壳之后的肉是整块的，还是螃蟹身上最大的一块肉。"蟹微生而带糟",指喜欢吃醉蟹。《老饕赋》写了六道菜,其中两道螃蟹,可见苏东坡有多么喜欢吃螃蟹。

"苏门四学士"之一的张耒也是位"吃货",他非常喜欢吃江南螃蟹。当时身在洛阳,秋霜风冷,忽然想到江南的螃蟹此时正肥,于是,写了一首诗寄给江南的朋友文刚,只为讨几筐螃蟹吃,很夸张吧?

寄文刚求蟹

遥知涟水蟹,九月已经霜。

匡实黄金重,螯肥白玉香。

尘埃离故国,诗酒寄他乡。

苦乏西来使,何缘至洛阳。

在张耒眼里,九月的螃蟹已很肥美,蟹黄厚实,螯肉如同白玉，居然还有香味。

宋代人吃螃蟹有多种吃法。

比较知名的有《东京梦华录》所载汴梁（今开封）的"炸蟹"：将大蟹洗净，剁去爪尖，除去蟹鳃，切成四段，裹上面粉，入油锅炸至焦黄，蘸着面酱，连壳带肉，咯吱咯吱大嚼。

还有《事林广记》所载"洗手蟹"：将鲜活螃蟹洗净除鳃，拆解成块，拌上盐、梅、橙、姜和酒等调料，闷盖腌制，顷刻即可食用。食客点菜之后，洗手完毕入席，厨房就将这道菜做成端上餐桌，因制作快捷便称为"洗手蟹"。

现在我们吃蟹，通常是清蒸，虽然味道鲜纯，但也失于单一。

《山家清供》记载了一种叫"蟹酿橙"的螃蟹做法：

蟹逅妍雅

主要食材：蟹、鱼肉、鲜带子、橙子、梨

"橙用黄熟大者，截顶，剜去穰，留少液。以蟹膏肉实其内，仍以带枝顶覆之，入小瓶，用酒、醋、水蒸熟。用醋、盐供食，香而鲜，使人有新酒、菊花、香橙、螃蟹之兴。"

《山家清供》里还有一道"橙玉生"："雪梨大者去皮核，切如骰子大。后用大黄熟香橙，去核，碎截，捣烂，加盐少许，同醋、酱拌匀供，可佐酒兴。"

"蟹逅妍雅"这道菜，把"蟹酿橙"与"橙玉生"结合起来，还添加了鱼肉和鲜带子，组合了河鲜与海鲜，使菜品的内容更丰富，口感更富有层次。

菜名"蟹逅妍雅"中的"蟹逅"就是指河鲜与海鲜在盘中相遇。

瑞雪披霞

"瑞雪披霞"这道菜是羹。

说到羹，苏东坡就有诗记录了他吃过的羹：

狄韶州煮蔓菁芦菔羹

我昔在田间，寒庖有珍烹。

常支折脚鼎，自煮花蔓菁。

中年失此味，想像如隔生。

谁知南岳老，解作东坡羹。

中有芦菔根，尚含晓露清。

勿语贵公子，从渠醉膻腥。

蔓菁就是大头菜，芦菔就是萝卜，膻腥指鱼肉。苏东坡吃的羹是素食，可能那天酒肉吃多了，狄韶州就让人煮了这道苏东坡久违的"蔓菁芦菔羹"，让他吃了解酒消油腻。不知道"蔓菁芦菔羹"除了功效之外，口感如何?

说到羹,陆游也有诗记录了他吃过的羹:

村居酒熟偶无肉食煮菜羹饮酒

歌凤伥伥类楚狂,畏牺觑觑笑蒙庄。

著书幸可俟后世,对客从嗔卧大床。

三亩青蔬了盘箸,一缸浊酒具杯箸。

丈夫穷达皆常事,富贵何妨食万羊。

陆游住在乡间,有酒无肉,煮菜羹佐酒。可能一时来了酒兴,没有"足鸡豚",只好煮菜羹将就一下。其实,喜欢喝酒之人特别想喝酒的时候,对菜不是特别讲究,有菜羹佐酒也算过得去。《红楼梦》作者曹雪芹有一回"酒渴如狂",他的朋友敦诚没带现钱,于是拿佩刀换酒喝,哪里还有菜,连羹都没有,照样喝得开心,敦诚还留下一首诗《佩刀质酒歌》。

说到羹，南宋的宋嫂鱼羹最为出名。"鱼羹自从五嫂乞"，说的是南宋淳熙六年（1179）三月，宋高宗赵构登御舟闲游西湖，在涌金门外吃了从东京（今开封）来杭的宋五嫂做的鱼羹，十分赞赏，赏赐给她金银绢匹。从此，这道羹声名鹊起，富家巨室争相购食，宋嫂鱼羹也就成了驰誉杭城的美味佳肴。这是《武林旧事》里记载的。宋嫂鱼羹就这样历代相传至今。

宋嫂鱼羹的主要食材是鳜鱼丝、火腿丝、香菇丝、生姜丝，略带酸味。

南宋杭州众多酒楼供应的羹各色各样，有百味羹、锦丝头羹、十色头羹、闲细头羹、莲子头羹、百味韵羹、杂彩羹、枕叶头羹、五软羹、集脆羹、三脆羹、群鲜羹、青虾辣羹、小鸡元鱼羹、石首玉叶羹等几十种，所用原料有荤有素。由此，也可以推断，羹在两宋菜肴中占有相当的分量。又因为宋室南迁，大量北方人口进入江南，将北方的烹饪技艺和口味带入江南，南北交融，所以，羹的口味有清有重，品种更加丰富。

《山家清供》里有"雪霞羹"：摘下芙蓉花，去掉蒂与心，在沸水中烫一下，同豆腐一起煮熟，也可加点胡椒、姜末，即可供食。盛在碗中，红白交错，恍如雪霁之霞，名"雪霞羹"。

这菜名"雪霞羹"料想不是厨师取的，而是文人所取。这取菜名的文人当然是食客了，还是一位懂美食的食客。或许厨师与文人合作，便有了"雪霞羹"的传世。

楼外楼大厨做的这道"瑞雪披霞"，将雪霞羹和宋嫂鱼羹进行了适当的优化组合，并加入了豆腐丝、笋丝，再调入芙蓉花（洛神花）汁，食材更丰富，口味微酸微辣。其做工更精细，品相更雅致。

此菜对厨师的刀工要求很高。

瑞雪披霞

主要食材：火腿丝、鱼丝、
姜丝、豆腐丝、笋丝、芙蓉
花（洛神花）汁

这道菜取名"瑞雪披霞"，当然有传承的意思，但不是简单的传承，而是有创新、有发展、有提升。我们不妨来看看细节：雪霞羹不知是如何切豆腐的，而瑞雪披霞是将豆腐切成丝，看上去很精致；还有，"瑞雪披霞"调入芙蓉花（洛神花）汁，感觉比雪霞羹直接用芙蓉花入菜，色泽形状更美观，口感更细腻。

玉台露华

　　"玉台露华"这道菜可以说是土料精作，主要食材是芋。

　　芋，通称芋头，也叫芋艿，是很普通的食材，多年生草本植物，块茎椭圆形或卵形，栽种非常广，各地所产大小不一，口感也有差异，以香糯为上。

　　看了眼前这道取名为"玉台露华"的菜品，是不是有"高大上"的感觉？

　　宋人视芋为好食材，不少诗中都有写到。

　　苏轼写过一首吃芋的诗——《过子忽出新意以山芋作玉糁羹色香味皆奇绝天上酥酡则不可知人间决无此味也》：

　　　香似龙涎仍酽白，味如牛乳更全清。

莫将北海金齑鲙，轻比东坡玉糁羹。

苏东坡被贬海南，生活清苦，儿子苏过想弄点好吃的给父亲享受，实在找不到啥好吃的，做了一碗芋羹，没有想到苏东坡吃得很开心，还作诗一首，说此羹比牛奶还要细腻，北边的名菜金齑玉脍，也比不上我家的玉糁羹。

南宋王十朋（1112—1171），字龟龄，号梅溪，温州乐清人，绍兴二十七年（1157）被宋高宗亲擢为进士第一，即状元。他在朋友家吃芋的时候写过一首《食芋》诗：

我与瓜蔬味最宜，南来喜见大蹲鸱。

归与传取东坡法，糁玉为羹且疗饥。

王十朋不但对芋大加赞赏，还说回家要学做苏东坡儿子苏过做的羹。

陆游对芋几乎到了痴迷的地步，他的《对食戏作》诗记录了一件趣事：

黄昏来扣野人扉，笑语欣欣意不迟。
蒻火正红煨芋美，不妨秉炬雪中归。

黄昏的时候，陆游闲逛去邻家，看到人家正用炭火煨着芋头，陆游被香味吸引，坐下来吃烤芋头，谈笑风生，一直到夜晚，下雪了，才拿着火把照明回去。

南宋洪咨夔（1176—1236），字舜俞，号平斋，於潜人，嘉泰进士，翰林学士。其写过一首《俞成大送新芋》，对芋很赞赏：

谢三郎女改蓑衣，襤缕中藏玉雪肌。

柱上莫愁无乳媪，秋风得此可忘饥。

把芋的皮比作蓑衣，衬托芋去皮后的"玉雪肌"。

南宋崔敦礼，字仲由，通州静海人，绍兴进士，做过宣教郎。其写过一首《送芋酥与宿斋三学士》诗，记录了他送芋给三位学士，他们一边烤芋吃一边谈禅到后半夜：

酥盘荐酒迎春寿，芋火谈禅数夜更。

云脚四垂天欲雪，为君两计破愁城。

《梦粱录》《武林旧事》等书里都有吃芋的记载。

玉台露华

主要食材：香芋、黑芝麻酱、坚果

《山家清供》载："芋名土芝，大者裹以湿纸，用煮酒和糟涂其外，以糠皮火煨之。候香熟取出，安拗地内，去皮温食……取其温补，其名土芝丹。……山人诗云：'深夜一炉火，浑家团栾坐。煨得芋头熟，天子不如我。'其嗜好可知矣。小者曝干入瓮，候寒月，用稻草盦熟，色香如栗，名土栗。"

这段文字大意为，芋名叫土芝，拣大的用湿纸包起来，再把煮热的酒和糟涂在外面，用糠皮火煨之。等香熟后取出来，放在拗地里，去了皮趁热吃。服用芋是取它温补的性能，所以叫土芝丹。有山人写过一首诗，说的是："冬日深夜，一家人围着炉火烤芋头吃，连天子都不如他们。"可见实在是太喜欢吃芋了。小的芋晒干了可装进瓮里，等天冷了用稻草火焖熟，色泽香味都像栗子，所以叫土栗。

芝，指的是灵芝，把芋称为土芝，意思是"土灵芝"，由此可见宋人对芋的营养价值认定之高。宋人的认定与现代医学观点十分吻合。现代医学认为：芋头中含有一种黏液蛋白，被人体吸收后可以产生免疫球蛋白，可提高机体免疫力；芋头为碱性食物，能中和体内积存的酸性物质，调节人体的酸碱平衡，可以用来治疗胃酸过多症；芋头所含的矿物质中，氟的含量较高，具有洁齿防龋、保护牙齿的作用。

"玉台露华"这道菜，将香芋精做，在煮熟的芋中加入黑芝麻酱和坚果，再做成麻将牌大小的形状，方便入口。看上去像大理石台阶，加上红绿配饰，呈现一幅"春风拂槛露华浓"的画卷，显得精致而又有内涵。

厨艺到了这个分上，也是绝了。

荷塘夏韵

"荷塘夏韵"这道菜百合是主打。

这道菜分两个部分：一部分用百合做成荷花造型；还有一部分是在竹荪内嵌入百合泥，做成藕的造型。

造型逼真，淡雅极致，清香四溢。

在宋代，食用百合很普遍。

南宋陈元靓《事林广记》有食用百合的记载："灌浆素馒头：面筋、乳、蕈、笋、藕、栗、胡桃、干柿、百合、山药、萝卜、红豆、木耳、菠菜、糖蜜、甜酱、油诸料物，造开口，泛面厚皮，临时以乳酪合淡醋汁浇入供之。"

这是一款素包子，里面的馅子有十多种食材，真是丰富之极，其中就有百合。比较好奇，这么多食材组合成的馅子，做出来的包子多少大？吃的时候还要用"乳酪合淡醋汁浇入"，有点儿复杂的。

《山家清供》也有食用百合的记载："百合面：春秋仲月，采百合根曝干捣筛，和面作汤饼，最益血气。又蒸熟，可以佐酒。"

把百合揉入面粉中，既可做面，又可做饼，居然还可用来下酒，这有点现在北方饺子就酒的意思。

南宋舒岳祥，字景薛，浙江宁海人，南宋末年在世。其写过一首《百合》：

收拾千红不上枝，绿茎丹萼称施为。

灯笼翠干从高揭，火伞流苏直下垂。

文豹番身腾彩仗，赤龙奋爪摆朱旗。

莫疑衰老多夸语，渍蜜蒸根润上池。

这首诗除了描写百合动人的身姿、翠绿的花茎、丹红的花萼，还特别写到百合根茎蜜渍之后食用，可以生津。可见百合的食用不仅是享口福，而且已经考虑到了养生。

百合，花形美，自古便受人们的喜爱，根茎又能够做菜，好看又好吃。其名称还有"百年好合"的寓意。百合味甘、性微寒，具有养阴润肺、清心安神的功效，是老幼咸宜的佳品，适合在秋冬季节食用。

竹荪，真菌，又名竹笙、竹参，有细致洁白的网状裙，营养丰富，滋味鲜美，被称为"山珍之花"，自古就列为"草八珍"之一。

百合可以与很多荤素食材搭配，民间有很多种百合入菜的做法，这里介绍两种：

百合炒西芹、南瓜：将西芹和南瓜洗净切片，放入油锅翻炒，适时加入百合。三种食材色彩分明，视觉效果很好。

百合炒丝瓜、笋干: 将笋干浸泡、切段、手撕成丝,将丝瓜洗净去皮切片,将笋干丝和丝瓜片与百合一起放入油锅翻炒,注意控制时间,百合不宜过于熟。

楼外楼大厨把竹荪的"网状裙"当作"盛器",装入百合泥,由此做成莲藕造型,真是奇思妙想。

这道菜做起来须得十分小心,"网状裙"的"网线"很细,稍微用力就会扯断,得用类似绣花的功夫。还有,考虑到入口方便,"藕"要做得尽量小一些,这就更增加了制作的难度。

莲、藕组合,因莲得藕,自然和合。

北宋周敦颐写过一篇《爱莲说》:"水陆草木之花,可爱者甚蕃。晋陶渊明独爱菊。自李唐来,世

荷塘夏韵

主要食材：百合、竹荪

人甚爱牡丹。予独爱莲之出淤泥而不染，濯清涟而不妖，中通外直，不蔓不枝，香远益清，亭亭净植，可远观而不可亵玩焉。予谓菊，花之隐逸者也；牡丹，花之富贵者也；莲，花之君子者也。噫！菊之爱，陶之后鲜有闻。莲之爱，同予者何人？牡丹之爱，宜乎众矣！"

周敦颐说，我唯独喜爱莲花从积存的淤泥中长出却不被污染，经过清水的洗涤却不显得妖艳。莲花，是花中的君子。

这道菜取名"荷塘夏韵"，表达的就是这个意思。

福慧增上

"福慧增上"这道菜以春笋为主要食材。

宋代人的餐桌上，蔬菜也很丰富。笋，尤其是早春嫩笋，因其鲜嫩清淡，吃的人很多。笋，不仅可以红焖、清炒、入汤，而且可以与多种菌类搭配，制成不同味道的佳肴。《山家清供》里还记载，将笋切碎，作为馅子放入面饼中，做成"胜肉夹子"，胜过肉的味道。

笋，还有更夸张的吃法。《山家清供》载："夏初林笋盛时，扫叶就竹边煨熟，其味甚鲜，名曰'傍林鲜'。"说的是初夏时光，去竹林里挖笋，在挖出来的笋里挑粗细适中的笋，在山溪里洗去泥，弄一堆枯竹叶点火烤笋，烤出来的笋原汁原味，味道非常鲜美。这种吃法还有一个好听的名字——"傍林鲜"。

宋代的文人学士很喜欢吃笋，他们吃笋以后少不了要写诗作词。

　　苏东坡被贬黄州团练副使，贬官至少会让人郁闷，可他倒好，看到翠竹满山、竹笋遍坡，居然欣喜异常，写出了"好竹连山觉笋香"（《初到黄州》）的诗句。

　　曾几对笋的评价几乎到了最高级别："但使此君常有子，不忧每食叹无鱼。"（《食笋》）他觉得笋的鲜味远胜过鱼，有笋吃就不会记挂着吃鱼了。

　　杨万里对笋的喜爱甚至有点"过分"："不须咒笋莫成竹，顿顿食笋莫食肉。"（《晨炊杜迁市煮笋》）只要每餐有笋吃就可以不吃肉。这是不是要吃素了？

　　陆游也很好玩："早笋渐上市，青韭初出园。老夫下箸喜，尽屏鸡与豚。"（《春晚书斋壁》）看见餐桌上有一盘笋就心情很愉快，赶快下筷子，旁边的鸡肉、猪肉都视而不见了。

黄庭坚（1045—1105），字鲁直，自号山谷道人，洪州分宁人，宋英宗治平进士，"苏门四学士"之一，精诗词，尤其擅长行书、草书，为书法"宋四家"之一。其在《食笋十韵》一诗中写到了笋与菌类、木耳、禽肉等其他食材的绝妙搭配：

洛下斑竹笋，花时压鲑菜。

一束酬千金，掉头不肯卖。

我来白下聚，此族富庖宰。

茧栗戴地翻，觳觫触墙坏。

鱁鱁入中厨，如偿食竹债。

甘菹和菌耳，辛膳脍姜芥。

烹鹅杂股掌，炮鳖乱裙介。

小儿哇不美，鼠壤有余嗛。

可贵生于少，古来食共噫。

尚想高将军，五溪无人采。

看来，黄庭坚也是位吃客，虽然不及苏东坡出名，但说起吃笋来也是头头是道。

沿袭千年，杭州人喜欢吃笋。春夏之交食春笋，夏秋食鞭笋，十月以后食冬笋，各种荤菜亦加笋为配料。有无日不笋、无食不笋之说，虽然夸张，但也说明杭州人对于笋的普遍喜爱。

"油焖春笋"几乎是每一家杭州酒楼的当家菜。选用杭州近郊清明节前出土的嫩笋，以重油、重糖烹制，色泽红亮，鲜嫩爽口，略带甜味，颇受食客青睐。这道菜 1956 年被浙江省政府认定为三十六道杭州名菜之一。

"福慧增上"这道菜，与前人做的笋菜都不同：一是用料更丰富，有七八种；二是荤素搭配，组合了河鲜、海鲜，有肉有虾有干贝；三是形态美观，便于入口。

福慧增上

主要食材：笋、菌菇、枸杞菜、东坡肉、
干贝、虾仁、鱼子、米皮

各种食材都切碎成丁，如果盛入盘中，吃起来不方便。把这些烹制好的食材都装入一个个小"口袋"，像福包，吃起来一口一个，不但很方便，而且各种食材都可以在同一时间吃进嘴里。还有，小"口袋"上面有几粒鱼子点缀，是不是显得"高大上"啊?

"咬定青山不放松，立根原在破岩中。千磨万击还坚劲，任尔东西南北风。"竹的强劲生命力和顺应自然的生存法则为世人称道。这道以竹笋为主要食材的福包——福慧增上，饱含了楼外楼大厨对食客的美好祝愿。

当美食被赋予了文化内涵，就有了灵魂。

锦鲤戏苑

"锦鲤戏莼"是一道面点，其实是精致的馄饨。

馄饨在南北方都有，因馅子的不同而有各种口味。宋代有素馄饨、鸭肉馄饨、丁香馄饨、百味馄饨、笋蕨馄饨等很多种，宋高宗赵构就十分喜欢食用馄饨。

有传说，宋高宗赵构喜欢吃馄饨。一天，宫中有一个厨子为他做馄饨，没有煮熟，宋高宗一气之下把厨子送大理寺治罪。第二天，宫中宴会，几个优伶表演杂剧，其中两个装成士人，相遇之后互相打听年纪，一个士人说自己是甲子年出生，另一个士人说自己是丙子年出生。旁边的优伶一听，立刻向宋高宗大叫："陛下，此二人应送大理寺去！"宋高宗问为什么，优伶说："夹（甲）子生的、饼（丙）子生的，既然都是生的，与馄饨不熟一样有罪过，应该一样治罪。"宋高宗听了哈哈一笑，下令把那个厨子放了。

　　南宋杭州馄饨店众多，花样迭出。《梦粱录》载，最有名的是"六部前丁香馄饨，此味精细尤佳"。《武林旧事》载，还有店家售卖"百味馄饨"，一只碗中盛有十几种不同馅子的馄饨。

　　在宋代文人学士写的诗中，我们也可以了解到当时馄饨的品类和吃馄饨的情形。

　　北宋晁说之（1059—1129），字以道，澶州清丰人，元丰进士，做过成州知州、中书舍人等。其写过一首《谢蕴文荠菜馄饨》诗：

　　　　　无奈国风怨，荠荼论苦甘。
　　　　　王孙旧肥羜，汤饼亦多惭。

　　说的是在朋友家吃荠菜馄饨。

南宋陆游写过一首《对食戏作》：

春前腊后物华催，时伴儿曹把酒杯。

蒸饼犹能十字裂，馄饨那得五般来。

说的是用馄饨下酒，"馄饨那得五般来"，他嫌家里做的馄饨只是一种口味，可能是想起了在杭州吃过的"百味馄饨"了吧。

南宋陈藻，字元洁，福清人，约宋孝宗淳熙末前后在世。其写过一首《冬至寄行甫腾叔》：

江浙羁栖怕雪霜，早年听得晚年尝。

生涯败意多谙历，节序随缘少感伤。

鸭肉馄饨看土俗，糯丸麻汁阻家乡。

二千里外寻君话，今日那堪各一方。

"鸭肉馄饨看土俗",说的是用鸭肉做馅子的馄饨。

南宋陈著（1214—1297），字子微，号本堂，鄞县人，宋理宗宝祐进士，做过扬州通判、太学博士等。其写过一首《次韵前人食素馄饨》：

> 庖手馄饨匪一朝，馔虽多品此为高。
>
> 薄施豆腻佐皮软，省著椒香防乳消。
>
> 汤饼粗堪相伯仲，肉包那敢奏功劳。
>
> 还方谨勿传方法，要使安贫无妄饕。

说的是吃素馅馄饨。

由此可见，宋代馄饨的品类确实非常多。

《山家清供》载有"笋蕨馄饨"做法："采笋、蕨嫩者，各用汤焯，以酱、香料、油和匀，作馄饨供。"

锦鲤戏莼

主要食材：莼菜、鸡肉、竹笋、蕨菜、面粉

　　"锦鲤戏莼"这道面点受笋蕨馄饨的启发，作了提升。去除了酱、香料，以保持竹笋、蕨菜的原味，适量加入鸡肉，使馅料味道更鲜。还把外形做成金鱼状，让菜品有了动感的生机，看着赏心悦目。

　　这道面点适宜各吃。

松风拂面

"松风拂面"是一道用山药制成的面点。

山药又名薯蓣等，有很多种叫法。山药是很普通的食材，有补脾养胃、生津益肺等功能，栽种很广。我国食用山药已有三千多年历史，《山海经》里就有薯蓣（写作"藷藇"）的文字记载。

在宋代，人们食用山药很普遍。

《梦粱录》载："又有粉食店，专卖山药丸子、真珠丸子。"

说的是杭州有专卖山药丸子的面点店。

《山家清供》载："金玉羹：山药与栗各片截，以羊汁加料煮。"

这是把山药与栗子切片，放入羊汤煮透成羹。

南宋诗人陆游很喜欢吃山药，他写过有关山药的诗不少，现录其中两首诗：

甜羹

山厨薪桂软炊粳，旋洗香蔬手自烹。

从此八珍俱避舍，天苏陀味属甜羹。

陆游在这首诗里记录了他自己动手烹制由菘菜、莱菔和山药搭配而成的羹，称为甜羹。

这可以说是陆游创制的菜肴，能不能叫"陆游甜羹"？读者如果有兴趣，真可以自己动手试做一回，食材普通，做起来也不复杂，完全适合家常烹饪。

秋夜读书每以二鼓尽为节

腐儒碌碌叹无奇，独喜遗编不我欺。

白发无情侵老境，青灯有味似儿时。

高梧策策传寒意，叠鼓冬冬迫睡期。

松风拂面

主要食材：山药、坚果、可可粉、面粉

秋夜渐长饥作祟，一杯山药进琼糜。

读此诗后两联遥想：那一日，陆游读书至深夜，忽然窗外一阵声响。受惊扰的陆游起身推窗察看，原来是大风吹动梧桐树叶沙沙作响。这么一折腾，陆游感到饥肠辘辘，于是在炭炉热了一杯自己用山药做的"陆游甜羹"，一勺一勺吃着，感觉胜过美味琼浆。

吃山药吃到这种地步也真是吃出境界了。

赵蕃（1143—1229），字昌父，号章泉，信州人，南宋中期诗人、学者、理学家。其对山药的喜好与陆游一样，他写过一首诗《以山药茶送沈宜之兄》：

山药本为林下享，筥篮那得致兵厨。

传担云月并持与，长夜读书应所须。

　　赵蕃送山药给朋友沈宜之，并说"长夜读书应所须"，您读书到深夜的时候可以把山药当夜宵吃。

　　连吃山药的时间都与陆游一致，这也太巧了。有意思。

　　现代人有多种山药的组合做法：

　　玫瑰山药泥：将新鲜的玫瑰花瓣切碎，和入去皮切碎煮熟的山药，搅匀后即可食用，带有玫瑰花的香味。

　　生吃山药丝：将山药去皮切丝，放入冷水中清洗，去除黏液备用。在盘面上铺上碎冰，再覆盖绿色菜叶。把备好的山药丝放在绿色菜叶上，再浇上料汁，爽脆、清新、回甘。

　　山药核桃露：山药去皮切碎煮熟，核桃仁煮熟，加入适量蜂蜜和水，打浆，过滤，略加热，核桃的香气夹着山药的细滑，非常适宜寒冷的季节来上这么热乎乎的一杯。

红枣山药糕：红枣入水浸透，去皮切丝，拌入蜂蜜和白糖调和，入锅蒸透，捣成红枣泥。山药去皮，放入锅中，蒸透起锅，捣成山药泥。山药泥和糯米粉，揉成团子，红枣泥做馅子，放入花色模子压一压成形。然后入锅蒸熟，置凉，即成红枣山药糕。雪白的山药皮裹着甜而不腻的红枣泥，不仅好看，吃着香甜糯。

楼外楼大厨做的"松风拂面"这道面点，其实是有两种山药的做法：一种是把山药揉入面粉中做成面条，绵绵流长；还有一种是把山药和可可粉揉入面粉中，做成面片，插成松果。在盘面上洒些面屑，取悠悠尘外心的松雪禅意，意趣甚高。

丰年祥瑞

丰年总是与粮食相关联的。狭义的粮食指的是主食，南方的主食当然就是米饭。米有多种，现在通常做饭用的是粳米。而做成"花式"的，往往是糯米，比如甜酒酿、蜜汁藕等等，还有就是乌米饭。

"丰年祥瑞"是精致的乌米饭。

乌米饭是一种紫黑色的糯米饭，一般的做法是，采集乌饭树（又名南竹）树叶煮汤，用所煮的汤将糯米浸泡半天，然后捞出放入木甑（功能类似于蒸笼）里蒸熟即成。因乌饭树树叶的药用效果，夏季来临之时，人们相信吃乌米饭可以祛风解毒，防蚊叮虫咬，通常在立夏这天吃乌米饭。

乌米饭古今的制法不一。

《本草纲目》卷二十五载，唐代著名医学家陈藏器（约687—757）说："乌饭法，取南烛茎叶捣碎，渍汁浸粳米，九浸九蒸九曝，米粒紧小，黑如瑿珠，袋盛，可以适远方也。"

看来乌米饭比较便于保存。

《山家清供》上的青精饭即乌米饭："采枝叶捣汁，浸上白好粳米，不拘多少，候一二时，蒸饭，曝干，坚而碧色，收贮。如用时，先用滚水量以米数，煮一滚，即成饭矣。用水不可多，亦不可少。"

上述两种做法有两个共同点：一是都采用粳米。二是都把乌米饭蒸熟后晒干，待食用时再加水煮。不同的是，唐代的做法比较麻烦，要"九浸九蒸九曝"，宋代的做法浸、蒸、曝只需一次。

北宋谢薖（1074—1116），字幼槃，自号竹友居士，临川人，"江西诗派临川四才子"之一。他很喜欢吃青精饭，曾经为此一连写过三首诗：

青精饭三首

霍山王邓两真隐，驾鹤乘云飞九天。

当时服饵定何物，同饭青精三十年。

从来见说青精饭，晚遇真人隐诀中。

长恨闻名不相识，那知俚俗号乌桐。

南人虽号乌桐饭，过熟翻成作淖糜。

太极真人方未试，茅山道士寄何迟。

"同饭青精三十年"，说的是王玄甫、邓伯元两位真人一起吃青精饭吃了三十年；"那知俚俗号乌桐"，说的是青精饭还可以叫作乌桐饭；"过熟翻成作淖糜"，说的是做乌桐饭不宜煮太久。

楼外楼大厨做的"丰年祥瑞"，在乌米饭染色环节，与唐宋没有什么区别，也是采集乌饭树树叶捣碎煮汁浸米，不同的是米用的是糯米，口感更软糯。另外还用五花肉薄片，卷成五边形，嵌入在乌米饭中间，使乌米饭油润。

用迷你草包作盛器，有丰收的谷仓的寓意，也方便食客用手抓。

边上的红色小球，是用鲜虾仁和猪肉剁碎成泥，再和入乳酪做成，球外裹脆粒，下油锅一滚，除点缀之外，可调剂口味。

南宋诗人钱时（1175—1244），字子是，学者称融堂先生，淳安人，晚年辞官返乡，创融堂书院。钱时写过一首吃乌米饭的诗：

丰年祥瑞

主要食材：糯米、
五花肉、虾、乳酪

徐簿饷乌饭八月八日

红姜黑饭荐珍羞，愧尔瞿昙老比邱。

先圣儿孙今满地，有人能记诞弥不？

后世，通常吃乌米饭是立夏时节，钱时吃乌米饭是八月八日，不知道有什么讲究？

《山家清供》上说："蒸饭，曝干，坚而碧色，收贮。"乌米饭先做好风干收藏，吃的时候加水煮，看来南宋人确实如此。

还有一点不解。珍羞，指珍贵的食物，南宋人把乌米饭也当作珍贵的食物？或者是文人的夸张？或者是乌米饭的保存经过了整个暑期，不容易？

如今乌米饭虽然是平常之物了，但像楼外楼"丰年祥瑞"这样，有饭有肉、咸香软糯的乌米饭，还是挺有创意的。

锦屏茗香

"锦屏茗香"是一道签菜。

《武林旧事》卷九《高宗幸张府节次略》："下酒十五盏：第一盏，花炊鹌子、荔枝白腰子；第二盏，奶房（乳酪）签、三脆羹；第三盏，羊舌签、萌芽肚胘；第四盏，肫掌签、鹌子羹……"

宋高宗在绍兴二十一年（1151）十月应邀去清河郡王张俊家，这是御筵菜单中下酒菜的很小一部分，提到了三种签菜。

《东京梦华录》中，记有羊头签、鸡签、鹅鸭签、莲花鸭签等，可见签菜的品种很多。

何为签菜？

简单说，就是用一张皮子，裹上切碎的馅料，卷成圆筒状，一般先经煮熟或蒸熟，再油炸得香脆。皮子可以用蛋皮、面皮，也可以用豆腐皮，还可以用紫菜。

比如，肫掌签，将去骨鸭掌、五禽胗、冬笋、韭芽丝等切碎搅拌，勾芡成馅料，用豆腐皮将馅料包裹，豆腐皮外再包裹一层全蛋糊(由鸡蛋、面粉、生粉合成)，放入油锅炸1至2分钟，成金黄色后取出，切段，装盘。

此菜色泽金黄，外脆里嫩。

1956年被评为三十六道杭州名菜之一的干炸响铃，其实也类似签菜：将猪里脊肉洗净，斩成细茸，加鸡蛋、味精、食盐、绍酒拌匀。将拌好的猪肉馅放在豆腐皮上摊平，卷成筒形，然后切成约3厘米长的小段，入油锅旺火炸2分钟左右，至黄亮松脆后起锅。

“锦屏茗香”这道菜，主要食材选用上好的牛肉，也可以叫作牛肉签，也是用豆腐皮包裹，与传统签菜不同的是加了抹茶。

锦屏茗香

主要食材：牛肉、豆腐皮、京葱、抹茶

先说几句中国茶。

国人喝茶的习惯在唐代以前就已经有了，茶作为一种文化的出现，是唐代陆羽的《茶经》开始的，鼎盛时期是宋代。宋代的文人苏轼、蔡襄、米芾、陆游等在诗词中都说到喝茶。宋代爱喝茶的不仅有皇族和文人，还有市民，在《清明上河图》中就有描绘喝茶的场景。

宋徽宗赵佶主持编纂过一本《大观茶论》，详细介绍了吃茶方法。书法"宋四家"之一的蔡襄爱茶如痴，撰写过《茶录》，这部著作详细解说了佳品茶叶的色、香、味，以及品茗的过程，包括茶器。

再来说说抹茶。

抹茶，起源于中国魏晋时期，在宋代十分流行。采集春天里的嫩茶叶，用蒸汽杀青后，做成饼茶保存。食用时，先将饼茶放在炉火上烘干，然后用石臼碾磨成粉末，放入茶碗中，冲入沸水，用茶筅搅动使其产生沫饽（即汤花），有沫饽后就可以饮用了。

北宋诗人黄庭坚写过一首抹茶的词《品令·茶词》：

凤舞团团饼。恨分破、教孤令。金渠体净，只轮慢碾，玉尘光莹。汤响松风，早减了、二分酒病。

味浓香永。醉乡路、成佳境。恰如灯下，故人万里，归来对影。口不能言，心下快活自省。

这首词大意为，将龙凤团茶细心碾成琼粉玉屑，用泉水冲泡，汤沸声如风过松林，茶末纯净，已经将酒醉之意减了几分。茶汤醇厚，香气持久。饮茶亦能使人醉，一旦像喝酒一样喝到醉乡之佳境，念远怀旧之情便徒然生起，恍惚间看见故人从万里之外赶来相逢。

对于抹茶的喜爱溢于言表。

"锦屏茗香"这道菜将抹茶融入其中，是一个创新，食客除了享受豆腐皮的脆、牛肉的嫩之外，还能够领略到抹茶的清香，在味觉上、嗅觉上比传统的签菜更丰富。另外，这道菜孔雀开屏的造型，大厨用细腻的手艺给予了食客视觉上的美感。

宋韵美食，
好吃好看是必须的

　　说到宋韵，杭州是当仁不让的集聚地和传承发展地；说到宋韵美食，就不能不说楼外楼对于宋韵美食文化的传承和发展。

　　美食在宋韵文化中内容极丰，分量不轻。民以食为天，到了宋代，从温饱走向富裕的一个重要标志是人们对于美食的享受。对美食的享受，不仅仅是达官贵人的追求，平民百姓也在追求。吃，并非一定要对山珍海味才用心，对野菜素食同样值得用心，这是一种人生态度。

　　楼外楼对于宋韵美食文化的传承和发展，完全出于自觉，这家开在西湖孤山外已有170多年历史的名店，一直传承着宋代以来宋嫂鱼羹、东坡肉等一批杭州的传统名菜和烹饪技艺。近年，还研制出"东坡宴"等仿宋菜。去年，楼外楼又开展了"宋韵美食文化品鉴"活动。这项活动有两个部分：一是创制"西湖十景宴"，以"西湖十景"入菜，要求大厨们以烹饪技术与"西湖十景"相融，进行艺术创作；二是推出"宋韵美食新滋味"，要求大厨们根植于宋代美食的基本要求，创作出符合当代人营养需求又有审美情趣的菜品。当然，好吃好看是必须的。

这是新时代楼外楼对自己提出的创新要求。在传承中创新是楼外楼"青春常在"、不断发展的坚实基础。感谢邓志平董事长和张少燕总经理的信任，我们很高兴参与楼外楼"宋韵美食文化品鉴"活动，并且为带有浓厚宋韵意境的"西湖十景宴"和"宋韵美食新滋味"进行美食文化解读，这是楼外楼传承创新的浓墨重彩的又一笔，是宋韵美食文化的新体现。

我们相信，"西湖十景宴"和"宋韵美食新滋味"，一定会受到中外食客的青睐！我们期待着楼外楼的下一个创新高峰！

感谢齐桃丽和祁睿一两位主任的耐心和倾情付出，出版过程中从篇目到编排、从版式到封面等等被我们"虐"了无数回，她们依然慎终如始；感谢尚佐文总编辑和钱登科副总编辑严格把关，消除了一些不恰当之处。这本书用一句俗话套很合适，是"集体智慧的结晶"。

司马一民　凌雁

2022 年 2 月 18 日